MANUEL COMI

DES FABRICANS

E CHAPEAUX

EN TOUS GENRES,

Tels que feutres divers, schakos, chapeaux de soie, de coton et autres étoffes filamenteuses, chapeaux de plumes, de cuir, de paille, de bois, d'osier, etc., mis au niveau des progrès des arts chimiques, et enrichi de tous les brevets d'invention qui ont été pris sur la fabrication des chapeaux.

PAR MM. CLUZ.. ET F. FABRICANS,

ET

M. JULIA DE FONTENELLE

PROFESSEUR DE CHIMIE,
MEMBRE DE LA SOCIÉTÉ D'ENCOURAGEMENT
POUR L'INDUSTRIE NATIONALE, ETC.

PARIS,

A LA LIBRAIRIE ENCYCLOPÉDIQUE DE RORET
RUE HAUTEFEUILLE, AU COIN DE LA RUE DU BATTOIR.

1830.

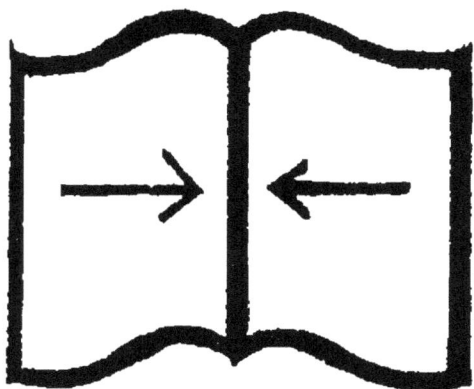

Reliure serrée
Absence de marges
intérieures

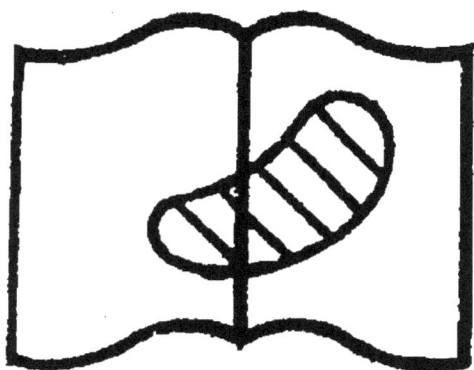

Illisibilité partielle

VALABLE POUR TOUT OU PARTIE
DU DOCUMENT REPRODUIT

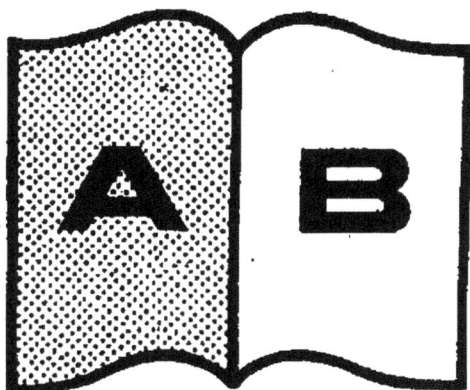

Contraste insuffisant
NF Z 43-120-14

INTRODUCTION.

La fabrication des chapeaux est une des branches de l'industrie qui exige le plus l'application des progrès de la chimie. Cette fabrication embrasse une foule d'opérations diverses dont quelques unes réclament de nombreuses améliorations, tant sous le rapport de l'art que sous celui de la santé des ouvriers. Nous nous bornenerons à parler de l'opération connue sous le nom de *sécrétage*, qui se pratique au moyen du nitrate de mercure. Ce sel, comme on sait, est un poison violent; aussi les vapeurs et les particules qui se dégagent des poils sont-elles très nuisibles aux ouvriers. Les procédés de teinture sont loin aussi de répondre à ce qu'on devait attendre du grand pas qu'ont fait les arts chimiques. Il est en effet démontré qu'on obtient souvent des noirs qui, avec le temps, tournent au bronze, au brun, et même au rougeâtre. On attribue généralement ce grave inconvénient au sulfate de fer, auquel on a proposé de substituer le tartrate, et mieux encore l'acétate de ce métal. La Société d'encouragement pour l'industrie nationale, dont l'œil vigilant se porte sur toutes les branches des arts chimiques, économiques, mécaniques et industriels, qui réclament les bienfaits des sciences, n'a pas manqué de porter son attention sur les diverses opérations de la chapellerie, dont plusieurs ont déjà fait l'objet des prix qu'elle a proposés. Si tous n'ont pas encore été complètement résolus, ils ont donné lieu à des recherches et à des améliorations marquées au coin de l'utilité, et qui probablement auront ouvert la voie à de nouvelles découvertes.

Nous devons ajouter que plusieurs fabricans et divers technologistes français et étrangers se sont livrés de leur côté avec persévérance à de nombreux travaux pour améliorer leur art ; nous nous bornerons à citer MM. Guichardière, Morel de Beaujolin, Robiquet, Lenormand, Williams, Malartre, Malard et Desfossés, Collin, Borradaille, Chaming Moore, Ritchard et Franc, Trousier, Miraglio, Masniac, Vilcok, Mierque et Drulhon, Achard et Audet, Gury, Loustan, Perrin, Bercy jeune, Buffum, Pichard, Milcent, Reins, Blouet, de Bernardière, Weber, Wels,

Cobbet, Michon; mesdames Manceau, Reyne, Bernard, Cavillon. Nous aimons à convenir avec reconnaissance que non seulement nous avons profité de leurs travaux, mais que nous avons même copié textuellement leurs plus utiles documens, afin de leur conserver cette couleur technique et pratique qu'il faut savoir présenter aux ouvriers.

Pour plus de clarté, nous avons divisé notre ouvrage en quatre parties; la première contient la description de toutes les matières employées pour la fabrication des chapeaux.

La seconde partie comprend les chapeaux feutrés divers, et toutes les opérations nécessaires à leur confection.

La troisième a pour but les chapeaux de soie, de coton, d'étoffes filamenteuses, etc.

La quatrième embrasse tous les chapeaux de paille divers, ceux d'osier, de bois, etc.

Nous avons exposé fidèlement les meilleurs modes de fabrication suivis tant en France que dans l'étranger pour ces divers genres de chapeaux; et nous avons rapporté tous les brevets d'invention qui ont été pris sur les diverses branches de la chapellerie; nous avons cru que c'était le meilleur moyen de faire connaître une grande partie des améliorations que cet art a éprouvées; enfin nous avons allié aux connaissances que nous avons acquises par notre pratique les meilleurs documens qu'offrent les technologistes français et étrangers.

MANUEL COMPLET

DES FABRICANS

DE CHAPEAUX

EN TOUS GENRES.

~~~~~~~~~~~~~~~~~~~~~~~~~~~~~~~~~~~~~~~

PREMIÈRE PARTIE.

DESCRIPTION DES MATIÈRES EMPLOYÉES POUR LA FABRICATION DES CHAPEAUX.

DES LAINES.

Les laines furent, dès le principe, les seules matières premières qui furent employées pour la fabrication des chapeaux. Maintenant elles ne servent que pour ceux de qualité inférieure. Toutes les laines ne donnent pas un aussi beau feutrage ni une égale qualité de chapeaux ; il est donc indispensable que nous entrions dans quelques détails sur leur connaissance et leur choix.

Connaissance et choix des laines pour la chapellerie.

On distingue deux sortes de laines : *les laines mortes*, ou provenant des animaux morts, et coupées ou arrachées de la peau , et les *laines de toison* ou tondues sur l'animal vivant. Ces dernières méritent la préférence tant pour la chapellerie que pour la draperie. On divise aussi les laines en *surge* ou en *suint* et en *lavées*. Celles en suint se conservent plus long-temps. Quant à leur couleur , elles sont en général blanches et parfois noires , rousseâtres, etc. ; ce ne sont que les premières qu'on soumet à la teinture. Quant à leur longueur, les plus courtes ont un pouce de longueur, et les plus longues (en Angleterre) ont jusqu'à vingt et même vingt-deux pouces (1).

Les laines diffèrent entre elles par leur couleur , leur force, leur finesse, leur longueur , et ce qu'on appelle *leur nerf ou leur corps ;* de là viennent leur division en

Laines superfines,
Laines fines,
Laines moyennes ,
Laines grosses ,
Laines grossières ou supergrosses.

Pour qu'une laine soit réputée de très bonne qualité , il faut qu'elle soit fine , douce , moelleuse , élastique et forte en même temps.

Pour reconnaître leur degré de force, qui fait, avec celui de leur finesse, leur premier mérite , on en tire des filamens par les deux bouts, et l'on juge, par leur résistance à se casser, leur force ou leur faiblesse. Pour les juger comparativement on recourt à un procédé plus rationnel. On en fait des fils d'égale grosseur et longueur qu'on attache

---

(1) Cette longueur nous paraît avoir été exagérée, à moins qu'on ne laisse les brebis plus d'une année sans les tondre. En effet, M. Tessier rapporte que dans une expérience qu'il a faite et répétée à Rambouillet, la laine des bêtes espagnoles, tenues trois ans sans être tondues, avait dix-huit pouces de long.

à un point fixe, et l'on place à l'autre extrémité de petits poids qu'on multiplie jusqu'à ce que le fil casse. On estime, par le nombre de poids que chaque fil exige pour se casser, le degré de sa force. Outre la laine, l'animal porte sur quelques parties une sorte·de poil mêlé avec de la laine qu'on nomme *jarre*, *poil mort* ou *poil de chien*, qui ne sert qu'à la confection des étoffes très grossières. Les laines des pattes et du dessous du ventre, brûlées pour ainsi dire par le fumier, sont aussi d'une moindre valeur.

Les laines du nord de la France sont plus longues et plus grosses que celles du midi ; ainsi celles des départemens de l'Hérault, de l'Aude et surtout de tout le Roussillon, l'emportent de beaucoup sur celles de la Flandre, de la Picardie, de l'Ile-de-France et de la Champagne. Les laines du Midi, notamment celles de Narbonne et de la Salanque, sont courtes, frisées et très fines. Ces dernières se rapprochent de celles de l'Espagne.

Nous devons cependant convenir que les laines des mérinos espagnols l'emportent en tous points sur les meilleures de la France. Aussi dans les départemens méridionaux et dans quelques uns du Nord les propriétaires n'ont pas hésité à croiser leurs troupeaux au moyen des béliers espagnols élevés dans les bergeries royales. La plupart des laines d'Italie sont également très fines. Celles d'Angleterre et de Nord-Hollande sont longues et plus fines que les laines communes, sans avoir cependant la finesse de celles qui proviennent des mérinos. Parmi celles d'Espagne, celles de *Léon* et de *Ségovie* tiennent le premier rang : encore même les Espagnols en font quatre qualités.

1° La première qualité est celle qui existe depuis le cou jusqu'à cinq à six pouces de la queue, en comprenant le tiers du corps ; celle des épaules et du dessous du ventre, préservée de l'action du fumier, est également comprise dans cette classe. Cette qualité est nommée *floreta*, ou fleur de la laine.

2° La deuxième qualité est celle qui recouvre les flancs et s'étend depuis les épaules jusqu'aux cuisses.

3° La troisième est celle du cou et de la croupe.

4° La quatrième est celle qui est depuis la partie du devant du cou jusqu'au bas des pieds, y compris une partie de celle des épaules et les deux fesses, jusqu'à l'extrémité des pieds. C'est cette laine que les Espagnols nomment *cayda.*

Les personnes habituées au commerce ou à l'emploi des laines reconnaissent au coup d'œil leur degré de finesse. Il en est qui s'en assurent en étendant les filamens sur une étoffe noire et les regardant à la loupe. Mais Daubenton qui, comme on sait, s'est occupé d'une manière spéciale de l'éducation des bêtes à laine, a conseillé aux manufacturiers de soumettre ces filamens de laine à un micromètre placé dans un microscope. Ce micromètre, dit M. Tessier, représentait un petit réseau ou un composé de mailles. Il n'y avait qu'un 10e de ligne entre les deux côtés parallèles des carrés du micromètre dont se servait M. Daubenton, et sa lentille grossissait quatorze fois. Ayant reconnu, par des observations soigneusement faites, que les gros filamens (1) de vingt-neuf échantillons de laine superfine, apportés de diverses manufactures, occupaient rarement plus des deux carrés du micromètre, il a fixé le dernier terme des laines superfines à celles dont les plus gros filamens remplissent par leur largeur un carré du micromètre, et dont le diamètre est la 70e partie d'une ligne. La largeur des plus gros filamens de la laine la plus grossière occupait jusqu'à six carrés du micromètre, qui équivalent à la 23e partie d'une ligne. Les

_____

(1) Toutes les laines sont composées de fils très fins, et de plus ou moins gros. Ces derniers, d'après l'observation de Daubenton, se trouvent au bout des mèches.

plus gros filamens du jarre remplissaient jusqu'à onze carrés du micromètre, qui font 1712 de ligne. Un pareil examen est presque impraticable par les bergers, dont l'œil et l'habitude suffisent pour cette opération. Nous ajouterons que sans recourir au micromètre de Daubenton, on peut fort aisément s'assurer du degré de finesse des laines au moyen du microscope d'Amici ou d'Euler, perfectionné par MM. Vincent Chevalier et fils.

L'état de santé de l'animal et l'époque de la tonte influent singulièrement sur la bonté et la beauté des laines. Ainsi les animaux malades non seulement perdent une partie de leur laine, mais l'autre manquant de nourriture est sèche et se détache aisément de la peau. Il en est de même de celle qu'on extrait de ces animaux qui ont succombé. Quant à celle provenant des peaux des moutons tués pour la boucherie, ces laines s'éloignent d'autant plus de leur point de maturité que ces animaux ont été égorgés à une époque plus ou moins rapprochée de celle de leur tonte. Il manque à ces laines ce moelleux que leur communique le suint et qui les nourrit ; si l'on ajoute à cela la chaux ou les cendres qu'on emploie pour les détacher de la peau, on se rendra compte de leur rudesse. Quant aux peaux à laine longue, les bouchers les font tondre en toison.

Il est donc bien évident que l'époque la meilleure pour couper les laines est celle où elles sont en pleine maturité. On ne doit pas dépasser ce point parcequ'en France les animaux, surtout ceux qui sont faibles, en perdent une partie (1). Si on les tond, au contraire, avant cette matu-

---

(1) Il n'en est pas de même des mérinos ; ceux-ci, hors les cas de maladie, peuvent conserver leur laine jusqu'à trois ans, presque sans en perdre.

Tessier, *Nouveau Cours complet d'agriculture.*

rité, les filamens semblent adhérer entre eux par leur base, et la laine est, comme on dit, *tendre*, c'est-à-dire qu'elle manque de *nerf* ou de *force*.

Dans le midi de la France on tond les laines de la mi-mai au 15 juin ; dans les autres départemens, dans tout ce dernier mois. Il est une raison qui doit engager les propriétaires à ne pas dépasser cette époque, c'est qu'alors les chaleurs survenant, les toisons, outre leur poids, interceptent la transpiration, échauffent l'animal et permettent à la vermine de s'y fixer, etc.

Le volume et le poids des toisons est relatif à la taille de l'animal, à son espèce et au climat sous lequel il vit, indépendamment des soins et de la nourriture plus ou moins abondante qu'on lui donne. Nous allons faire connaître, par aperçu, le poids de la plupart des laines connues, tel que M. Tessier l'a donné.

1° La toison des moutons alençons, ardennois et de la Sologne, pèse de deux à quatre livres. Cette dernière laine est entre-mêlée de poils roux et est impropre à la chapellerie. On en fait des couvertures.

2° Celle des moutons briards, bourbonnais, champenois et de Langres, pèse également de deux à quatre livres ; elle est employée pour la bonneterie, et très peu propre à la chapellerie.

3° Celle des moutons du Bar pèse trois livres. La première qualité sert pour la bonneterie et à faire des ratines.

4° Celle des moutons de Faux, Valières ou Bocagers, pèse de trois à quatre livres. La plus grande partie de ces laines est mêlée de blanc, de noir et de rouge, ce qu'en termes de bonneterie on nomme *beige*. On en fait de grosses étoffes sans avoir besoin de les teindre.

5° Celle des moutons du Cotentin pèse trois livres.

6° Celle des moutons de Cauchois, cinq livres. Elle est unie à quelques poils roux. On en fait des couvertures et des draps dits de Châteauroux.

7° Celle des moutons cholets est de quatre livres. On en fait des couvertures.

8° Celle des moutons du Vexin ou du Santerre pèse de six à huit livres. La laine en est belle et employée pour la chaîne des pièces de tricot.

9° Celle des moutons d'Artois et de Gravelines est de neuf à dix livres. Elle sert pour des chaînes d'étoffes.

10° Celle des moutons hollandais ou liégois est de neuf à dix livres. Cette laine ne sert que pour l'habillement des troupes.

11° Celle des moutons flamands pèse dix à douze livres. Elle est forte et sert pour des chaînes d'étoffes.

12° Celle des moutons allemands est de six à sept livres. Elle est souvent *beige*.

13° Celle des moutons alsaciens, lorrains et suisses est forte et propre à être peignée.

14° Celle des mérinos varie suivant les localités, et que l'animal broute dans la plaine ou dans les montagnes. Dans le premier cas, elle est de huit à dix livres; dans l'autre, de sept à neuf.

15° Les laines de l'arrondissement de Narbonne sont, après celles du Roussillon, les plus estimées du midi de la France, surtout celles des bêtes à laine qui broutent dans les montagnes des Corbières et de la Clape, dans les communes de Fitou, Lapalme, Sigean, Leucate, Portel, Armissan, Saint-Laurent, Thézan, Bize, Treilles, etc.

D'après un relevé que j'ai fait du produit approximatif de la tonte des laines de l'arrondissement de Narbonne, il s'élevait en 1822,

Laine mérinos à.	3,000 kil.
Laine métis à.	40,000
Laine indigène à.	365,500
	408,500 kil.

Les toisons de toutes les bêtes ayant été calculées, terme

moyen, deux kilog. chacune. D'après une lettre adressée au ministre de l'intérieur, le 23 décembre 1813, il y aurait dans l'arrondissement de Narbonne, en bêtes à laine, mérinos, métis ou indigènes, 2,042,500; outre les 65,187 qui périrent en 1813, par suite de la sécheresse et de la mauvaise qualité de l'herbe. Dans cet arrondissement de Narbonne, les toisons pèsent de quatre à dix livres, suivant que les bêtes à laine paissent dans les montagnes ou certaines plaines comme celles de Coursan. Il est certains troupeaux qui sont presque tous métis, et qui sont remarquables par leur beauté et la finesse de leur laine. Nous nous bornerons à citer celui de mon honorable ami M. le chevalier Angles, à Sigean; de MM. Caunes, à Ginestas; Tapie Mengaud, à Celeyran; Caumettes, à Vires; Fournier, à Moujean, etc.

16° Les laines de l'arrondissement de Carcassonne se rapprochent de celles de celui de Narbonne; mais en général elles leur sont inférieures en qualité. Elles sont employées pour les casimirs, draps superfins, les draps communs, cordelats et molletons (1).

17° Les laines de l'arrondissement de Castelnaudary sont bien moins fines que celles de Carcassonne; elles servent à la fabrication des draps communs, cordelats et couvertures (2).

18° Les laines de l'arrondissement de Limoux se rapprochent beaucoup de celles de Carcassonne; on en fait des draps fins et communs ainsi que des couvertures (3).

Nous ajouterons à cela que la plupart des qualités de

---

(1) On compte vingt-trois fabriques dans cet arrondissement.

(2) Cet arrondissement compte treize fabriques.

(3) Cet arrondissement qui comprend Chalabre, Limoux et Quillan, a soixante-neuf fabriques.

laine de l'arrondissement de Narbonne sont très recherchées par toutes les fabriques des départemens de l'Aude et de l'Hérault, principalement par celles de Bédarieux, Saint-Chinian, Saint-Pons, etc., et même par un grand nombre d'autres localités.

Dans ce département, comme dans ceux de l'Hérault, des Pyrénées-Orientales, etc., on n'est pas dans l'usage de laver les laines sur les bêtes ; loin de là, les bergers ont la mauvaise habitude de les faire coucher constamment sur le fumier sans litière, de les entasser dans des bergeries presque pas aérées, afin que la laine, en s'imprégnant de la sueur de l'animal et de l'urine du fumier, augmente de poids. On sent tout ce qu'une semblable pratique a de vicieux. Aussi une partie de la laine des jambes et du dessous du ventre est le plus souvent presque brûlée par le fumier ; de plus elle a une couleur jaunâtre qu'elle ne perd point par le lavage.

18° Les laines de Roussillon sont supérieures même à celles de Narbonne. Il n'y a que celles de Fitou, Leucate, Lapalme et quelques unes de Sigean, qui en approchent. Les propriétaires roussillonnais ont également amélioré leurs races en les croisant avec les mérinos espagnols. Le poids de ces laines et leur qualité varient suivant que les troupeaux paissent dans les montagnes et les plaines, et suivant les localités. Ainsi, du côté de Vingrau les toisons pèsent environ huit livres, tandis que dans la Sallanque leur poids est de dix à douze livres. Les laines du Roussillon sont très estimées et recherchées pour les fabriques des départemens de l'Aude, l'Hérault, etc.; on en fait des draps fins, des schalls, etc.

Laine des agneaux : dite agnelins, *et en patois méridional,* anissés.

La laine des agneaux est beaucoup plus estimée, pour

la fabrication des chapeaux , que celle des adultes ; elle est aussi d'autant plus recherchée qu'elle appartient à des troupeaux de race très fine. Dans tout le midi de la France, où tond les agneaux en même temps que les brebis et moutons, et les agnelins sont vendus le plus souvent séparément et toujours à un prix inférieur à celui de la laine. Dans d'autres localités on les tond plus tard, afin de donner à leur laine le temps de s'alonger. La première pratique nous parait préférable, parceque la nouvelle laine a plus le temps de croitre, et qu'elle est alors plus longue en automne pour préserver les agneaux de l'intempérie de l'air pendant le parcage. Ce que nous avons dit de la laine provenant de la peau des animaux morts de maladie ou égorgés à la boucherie, s'applique aussi aux agnelins.

Nous devons ajouter qu'on donne aussi le nom d'agnelins à une *laine de Hambourg* provenant de la tonte des agneaux vivans ou mort-nés , qu'on ramasse dans les pays septentrionaux de l'Europe.

Laines des Antenois.

Les antenois sont les agneaux de la seconde année ; il est des propriétaires qui ne tondent les agneaux que la seconde année ou bien à l'état d'antenois. Cette pratique est vicieuse, parceque cette laine est alors moins fine. L'expérience a, en effet, démontré que la laine des antenois qui ont été tondus étant agneaux , est constamment plus fine que celle des agneaux mêmes.

Laine de Vigogne.

Cette laine appartient à une race de moutons de ce nom qui paraissent indigènes du Pérou. C'est du moins de ces contrées que ces belles laines nous étaient transmises par l'Espagne. Cette laine est d'un brun qui tire sur le roux, surtout le dos ; elle prend une couleur blonde en avançant vers les flancs et le ventre.

Laine de mouton cachemire.

Le mouton de Cachemire, comme la chèvre du Thibet, etc., a deux poils ; l'un est long, gros et raide, et l'autre est une sorte de laine très fine, courte et crépue. Sa rareté et son prix élevé s'opposent à ce qu'on en fasse usage pour la chapellerie.

DES POILS.

Poil de lapin.

Le poil de lapin est d'un emploi général dans la chapellerie ; non seulement il contribue essentiellement à faire feutrer cette sorte d'étoffe, mais encore à lui donner de la fermeté. Il entre dans la confection des chapeaux, terme moyen, pour un quart de leur poids. Il est bien évident que ces proportions augmentent suivant la beauté ou la finesse des chapeaux qu'on se propose de fabriquer. On calcule que la chapellerie de France achète seule annuellement pour quinze millions de peaux de lapin. Depuis la perte du Canada, le prix du poil de castor a triplé de prix, ce qui fait qu'on en emploie beaucoup moins, et par suite beaucoup plus de celui de lapin ; aussi nos manufacturiers sont-ils obligés d'en faire venir de l'étranger.

Dans la vente et l'achat des peaux de lapin, il y a une remarque importante à faire, c'est que pendant l'hiver elles se vendent de 5o à 6o francs le cent, tandis qu'en été elles ne valent que de 25 à 3o fr. Cette différence est due à ce que l'animal mue à cette dernière époque, et que, par conséquent, la peau est bien moins riche en poil.

Le poil de lapin varie en beauté suivant l'espèce à laquelle il appartient. Ainsi la variété dite *lapin riche, cuniculus argenteus,* de Linné, qui a son poil en partie couleur d'ardoise plus ou moins foncée, et partie argentée, l'emporte de beaucoup sur celui du lapin gris ordinaire; il est en effet plus doux, plus long et plus soyeux, aussi est-il employé en fourrure. En Suède et dans diverses parties de l'Allemagne, ces peaux valent le double du prix ordinaire; en Angleterre, elles valent jusqu'à 25 francs la douzaine. Cette espèce s'acclimate très bien en France; on pourrait la multiplier aisément.

Poil de lapin angora.

Le lapin angora, *cuniculus angorensis,* Lin., est déjà assez commun en France où il réussit très bien. Son poil est long, touffu et soyeux. Lors de sa mue il en donne beaucoup, et on peut lui en arracher deux ou trois fois pendant l'été, surtout le long du dos, du cou, des côtes et des cuisses, en laissant aux mères celui du ventre, qui est de qualité inférieure, et qui sert pour faire leur nid. Ce poil est excellent pour la chapellerie; on en fait aussi des gants, des bonnets, etc., dits d'angora.

Poil de lapin sauvage ou de garenne.

Le poil de ceux-ci est plus court que celui de ceux de clapier; mais en revanche il est plus fin et donne un plus beau feutre.

Les parties de la France qui produisent les meilleures peaux ou poils de lapin sont : Narbonne et ses environs, le Boulonnais, Meaux, Compiègne, Chantilly, Dammartin, Pontoise, Rambouillet, Saint-Germain, Senlis, etc.

Observations sur le poil des peaux de lapin.

Le poil du lapin diffère suivant la saison où l'on se trouve ; nous allons l'examiner dans les quatre époques de l'année.

1° *En hiver.* C'est la saison la plus favorable pour la beauté du poil de lapin. C'est alors que le grain de la peau, ou, si l'on veut, le côté superposé sur le corps, est d'une couleur uniforme, sans tache ni rayure (1) ; ajoutez à cela, 1° que le cuir est plus épais, que le poil est long, fin, touffu, et qu'en soufflant fortement dessus, la partie qui adhère à la peau est d'un gris bleu velouté plus intense dans le lapin de garenne que dans celui de clapier, tandis que l'extrémité supérieure ou bien sa pointe, qui est d'un gris foncé, est surmontée d'un autre poil gris, à pointe noirâtre et brillante, qui est très gros, et qu'on nomme *jarre* du lapin.

2° *Au printemps.* Cette partie de l'année est la saison des amours du lapin ; son poil est alors plus terne et sa peau moins fourrée ; chez les mâles, à cause des combats qu'ils se livrent ; chez les femelles, par cause de la gestation. Ces peaux se vendent de 20 à 30 pour cent au-dessous du prix de celles d'hiver.

3° *En été.* Nous avons déjà dit que c'était l'époque de la mue du lapin. Les peaux sont alors dépouillées d'une grande partie du poil, ainsi que du jarre à pointe noire qui dépasse le poil fin ; celui-ci est terne, et la peau est plus épaisse et parsemée, du côté de la chair, de taches et de raies noires ; ces peaux sont connues dans le commerce sous le nom de *peaux barrées.* Enfin les peaux

---

(1) Dans les lapins de clapier, ce côté est plus blanc que dans ceux de garenne.

d'été valent de 50 à 75 pour cent de moins que celles d'hiver.

4° *En automne.* Les peaux d'automne sont préférables à ces dernières ; le poil est renouvelé, mais il n'a encore acquis ni le nerf, ni la longueur convenables, et le jarre ne le dépasse point ; ce qui en rend la séparation non seulement très difficile, mais encore incomplète. On les nomme *peaux foineuses.* Le jarre qui y reste uni rend ce poil très commun ; aussi ces peaux s'achètent de 20 à 25 pour cent au-dessous du prix de celles d'hiver.

Poil de lièvre.

Malgré tous les rapports de conformation qui existent entre le lapin et le lièvre, malgré que celui-ci ait le poil très fin et d'une légèreté extrême, il est cependant bien moins susceptible de se feutrer que celui du lapin. Ce n'est qu'à l'aide de quelques préparations qu'on lui fait subir qu'il devient propre au feutrage ; mais grâce à ces préparations il devient la matière feutrante la plus belle et la plus estimée de notre sol.

Quoique les lièvres soient multipliés sur tous les points de la France, cependant leurs peaux diffèrent en qualité suivant les localités. Celles du Roussillon, de Saint-Chinian, Saint-Pons, de l'Anjou, de la Bretagne, du Poitou, etc., sont préférées pour la beauté et la qualité du poil, et celles qui proviennent de l'Alsace sont recherchées pour la grandeur de l'espèce.

Observations.

Ce que nous avons dit de l'influence des quatre saisons de l'année sur les peaux de lapin, s'applique également à celles du lièvre. Voici les moyens de les reconnaitre.

1° Les peaux d'hiver ont le cuir mince, et le côté qui

s'applique sur la chair a une couleur claire et unie, parsemée de petits vaisseaux sanguins qui vont se réunir à d'autres plus gros. Le poil en est fin, blanc, ayant la couleur et l'éclat de la soie; sa pointe est d'une couleur noire veloutée; le jarre la dépasse; il est jaune-roussâtre dans toute sa longueur, à l'exception de son extrémité supérieure qui est noire et brillante.

2° Les *peaux du printemps* ont le cuir un peu plus épais et rougeâtre du côté de la chair; le poil est terne et moins touffu.

3° Les *peaux d'été*. Cuir épais et fort; couleur, du côté de la chair, rouge mais inégale; les gros vaisseaux sanguins sont seuls visibles. Comme à la peau de lapin, le poil de celui-ci est court, rare, d'un blanc sale et uni à du jarre long et court.

4° Les *peaux d'automne*. Cuir un peu épais et taché. Poil renouvelé, mais court et uni au jarre, qui est de la même longueur et d'une séparation toujours incomplète.

Il est bon de faire observer qu'il est une différence importante à faire sur le jarre du lapin et du lièvre; le jarre du premier tient moins au cuir que le poil, tandis que chez le second c'est tout le contraire. Aussi pendant la mue le lièvre perd-il la plus grande partie de son poil, et conserve-t-il presque tout son jarre, tandis que le lapin conserve beaucoup plus de poil fin que de jarre. Cette remarque est importante, tant pour la valeur respective de ces peaux que pour leur préparation, relativement aux saisons de l'année auxquelles on en a dépouillé l'animal.

Poil des castors.

Le castor, *castor fiber* de Linné, ordre des loirs, se distingue de tous les animaux rongeurs par une queue aplatie horizontalement, de forme ovale, et couverte d'écailles. C'est ce caractère qui le classe parmi les amphibies. Il est assez commun dans le Canada, la Nouvelle-Angleterre, la Russie, la Sibérie, la Pologne, l'Allemagne, etc.; on en a même trouvé en France dans le Rhône. Le castor a quatre pieds; les deux de derrière sont plus particulièrement destinés à la natation; ils offrent cinq doigts liés par une membrane; il a dans les aines quatre poches membraneuses qui contiennent une liqueur d'une odeur très forte qui s'épaissit facilement à l'aide du calorique, et constitue une substance concrète, brune, onctueuse, d'une odeur très forte, qu'on nomme *castoreum*. Nous ne décrirons point ici les mœurs ni l'industrie des castors, nous renvoyons sur ce point à Buffon. Nous allons nous borner à parler de ce qui se rattache à la chapellerie.

Le poil de castor est la matière la plus précieuse pour la fabrication de chapeaux; il réunit la finesse à la légèreté et à la solidité, et c'est en même temps le *feutrier par excellence*. Malheureusement le prix élevé auquel il se trouve, en raison de sa rareté, en rend l'emploi très restreint. Du temps de l'établissement de la compagnie des Indes françaises, les peaux de castor étaient moins rares en France; maintenant nous n'en recevons que très peu, encore même du commerce anglais ou des États-Unis. Dans le commerce on divisait les peaux de castor en *castor gras* et en *castor sec*.

1° Les peaux dites de *castor sec* étaient séchées au soleil sans aucune autre préparation.

2° Les peaux dites de *castor gras* étaient celles qui avaient déjà servi aux indigènes, soit de vêtement, soit de couche. Il est évident qu'ils faisaient choix pour cela des plus belles, ou, si l'on veut, des plus grandes et des plus fourrées, qu'ils en enlevaient soigneusement les parties musculaires et membreuses, et qu'ils les faisaient sécher à l'air et non au soleil, en ayant soin de les frotter souvent entre les mains et de les enduire de la graisse de ces animaux afin de leur donner une souplesse convenable. Outre que ces peaux étaient donc plus belles, par leur usage, elles étaient empreintes du liquide sécrété par la transpiration, de telle manière que leur poil était d'un bien meilleur feutrage ; aussi leur prix était-il plus élevé que celui du *castor sec.*

Observations.

Les peaux de castor, à cause de leur cherté et de leur rareté, sont maintenant très peu employées en France pour la confection des chapeaux. Leur fourrure, comme celle du lièvre et du lapin, est formée de deux sortes de poils : le poil fin et le jarre; comme chez ce dernier, le jarre du castor tient moins à la peau que le poil fin ; aussi dans la mue ce dernier s'en détache plus vite. Les contrées d'où elles proviennent en plus grande quantité sont la baie d'Hudson, le Canada et la Louisiane.

A. La peau du castor de la baie d'Hudson offre une fourrure qui a la même beauté pendant tout le cours de l'année ; elle doit cet avantage aux froids qu'on y éprouve presque en toutes les saisons.

B. *Le Canada* en fournit de grandes quantités ; mais elles se ressentent, comme celles du lapin et du lièvre, de l'influence des saisons.

C. *La Louisiane* en produit assez, mais moins estimées que celles de la baie d'Hudson et du Canada. Comme cette contrée a ses quatre saisons également bien marquées, les peaux de castor diffèrent aussi en qualité suivant l'époque à laquelle l'animal a été dépouillé.

Poil de loutre.

Buffon décrit la loutre, *mustela lutra* de Linné, un animal vorace, plus avide de poisson que de chair, qui ne

quitte guère le bord des rivières ou des lacs, et qui dé-
peuple quelquefois les étangs ; elle a plus de facilité pour
nager même que le castor. Celui-ci n'a des membranes
qu'aux pieds de derrière, et il a les doigts séparés dans les
pieds de devant, tandis que la loutre a des membranes à
tous les pieds ; elle nage aussi vite qu'elle marche. Elle ne
va point à la mer, comme le castor ; mais elle parcourt les
eaux douces, et remonte ou descend des rivières à des dis-
tances considérables. Souvent elle nage entre deux eaux
et y demeure assez long-temps, et vient ensuite respirer à
la surface de l'eau. Elle n'est point amphibie. Elle a les
dents comme la fouine, mais plus grosses et plus fortes relativement au volume de son corps ; elle ne craint pas plus
le froid que l'humidité ; sa tête est mal faite : les oreilles
placées bas, des yeux trop petits et couverts, l'air obscur,
les mouvemens gauches, toute la figure ignoble, informe ;
un cri qui paraît machinal : tel est le portrait qu'en trace
le Pline français. Nous ajoutons que le castor chasse la loutre
et ne lui permet pas d'habiter sur les bords qu'il fréquente.

Le poil de la loutre ne mue guère ; sa peau d'hiver est
cependant plus brune et se vend plus cher que celle d'été ;
son poil est doux et soyeux, d'un gris blanchâtre, et le
jarre brun et luisant. Cette espèce est généralement répan-
due en Europe, depuis la Suède jusqu'à Naples, et se re-
trouve dans l'Amérique septentrionale. On connaît encore
la *loutre du Canada*, *lutra Canadensis* de Geoffroy. Celle-
ci est plus grande que notre espèce et plus noire ; la *petite
loutre de la Guiane*, *didelphis palmata* de Geoffroy. D'a-
près M. de Laborde, il y a à Cayenne trois espèces de
loutres : 1° la *noire*, qui peut peser de quarante à cinquante
livres ; 2° la *jaunâtre*, qui pèse de vingt à vingt-cinq livres ;
3° la *grisâtre*, qui ne pèse que trois à quatre livres. Ces
animaux sont très communs à la Guiane, le long de toutes
les rivières et des marécages. D'après MM. Aublet et Oli-
vier, on trouve à Cayenne et dans le pays d'Oyapok des

loutres si grosses qu'elles pèsent jusqu'à cent livres. Leur poil est très doux, mais plus court que celui du castor, et leur couleur ordinaire est d'un brun minime.

Il est encore plusieurs autres animaux d'espèces voisines dont le poil pourrait être appliqué à la chapellerie; nous nous bornerons à citer la Saricovienne, *lutra Brasiliensis*, la petite fouine de la Guiane, *mustela Guianensis* de Lacépède, etc.

Poil de chameau.

Le poil du chameau nous arrive de l'Orient par Marseille; il varie par sa couleur, par sa finesse et par sa qualité, suivant le climat, l'âge, la nourriture et l'éducation de l'animal. Celui qui est blanchâtre a sa consommation locale; on n'emploie guère dans nos fabriques que celui qui est d'un gris noirâtre vers les extrémités inférieures du chameau. Nous ajouterons même qu'il est maintenant peu employé dans la chapellerie.

Pelotes rouges et noires.

Ce poil laineux vient de l'Orient, et prend son nom de la forme en boule qu'on lui donne dans les balles qui servent à ce transport; il est dû à des chèvres d'une espèce particulière de la Turquie asiatique. Il existe une différence notable entre les pelotes rouges et noires. Ces dernières se feutrent plus aisément, mais en revanche le poil des rouges est beaucoup plus fin. Les chèvres du Thibet ont aussi un duvet très fin, outre le jarre. On a constaté que nos chèvres ont aussi, au-dessous de leur long poil, une sorte de laine excellente pour la chapellerie.

Nous avons passé sous silence une foule de fourrures,
comme celles du chat, etc. , qui sont douées d'une plus ou
moins grande beauté, et qui sont très propres à la confection
des chapeaux ; leur rareté, leur application spéciale à d'autres genres de fabrication ou à divers emplois, nous dis-
pensent d'en faire l'énumération, encore plus de les décrire.
Nous allons donc nous borner à présenter ici quelques re-
marques générales qui se rattachent au mérite respectif des
fourrures.

Nous dirons d'abord que lorsque l'animal n'a pas atteint
son entière croissance, ou mieux son développement complet, le poil de sa fourrure est difficile à préparer et à mettre en œuvre ; ces peaux-là sont *défectueuses*. Par une
raison contraire, les peaux des vieux animaux donnent
un poil plus rude et d'un emploi moins facile que celles des
animaux d'un âge moyen.

On donne le nom de *peaux battues* à celles des animaux qui ont été tués par une arme à feu qui avarie presque toujours la partie sur laquelle le coup a porté. Ainsi
celles des animaux pris dans des piéges sont préférables en
ce qu'elles sont bien plus entières, et non avariées par le
sang.

La dénomination de *peaux vertes* s'applique aux peaux
dont on vient de dépouiller l'animal. En cet état leur préparation est non seulement fort difficile, mais toujours
incomplète ; on y remédie aisément en laissant bien sécher
les peaux à l'air libre et sec, en les étendant sur des cordes.

Les *peaux de recette* ou de première qualité sont celles
qui n'offrent point d'imperfections, et qu'on a extraites
de l'animal dans la saison la plus opportune.

Dans toute la France, on achète les peaux de lièvre et

de lapin fraîches ou sèches à tant la pièce. Quand leur dessiccation est complète, on les empaquette par cinquante-deux, ou par cent quatre, qu'on vend ensuite par centaines en en donnant quatre de plus pour cent. Dans certains départemens de l'Ouest, on vend les peaux qui sont très petites au poids.

Quant aux agnelins, on doit choisir de préférence non ceux des agneaux mérinos, qui ne se feutrent pas bien, ni ceux des métis, mais bien parmi les indigènes ceux des troupeaux qui fournissant la plus belle laine, la plus soyeuse et la plus fine.

DE LA CHAPELLERIE EN FRANCE.

M. le comte Chaptal, dans son bel ouvrage sur l'industrie française, a présenté quelques aperçus sur la chapellerie qui vont nous servir de guide.

Avant la révolution, la chapellerie était pour la France l'objet d'un commerce très considérable avec l'étranger. Les fabriques du Midi, celles de Lyon et de Marseille surtout, travaillaient beaucoup pour l'Espagne, l'Italie et nos colonies. Cette exportation est maintenant presque nulle. Mais en revanche il s'est établi des fabriques de chapeaux sur presque tous les points de la France. L'aisance des habitans des campagnes, les progrès du luxe, en ont considérablement augmenté la consommation quoique les prix des chapeaux aient presque doublé. Il est bon de faire observer qu'on fabrique beaucoup plus de chapeaux fins qu'on ne le faisait autrefois.

La chapellerie fine emploie les poils de lièvre, de lapin, de castor, d'ours marin et de raton d'Égypte, qu'elle mélange avec art; *la chapellerie commune* fait usage des *agnelins* ou laine d'agneau, des poils de veau, de chameau, de chevreau, des tontures du drap, etc.

On a reconnu, par les calculs les plus exacts, qu'un cha-
peau fin qui sort de chez le fabricant au prix de. .   15 fr.
Coûte en matières premières. . . 8 ⎫
     de main-d'œuvre. . . . . 5 ⎬ ci. 15
Bénéfice. . . . . 2 ⎭
Bénéfice du marchand chapelier pour
la coiffe, l'apprêtage, etc. . . . . 5 fr.

            Coût du chapeau à la vente.   20 fr.

  Dans la chapellerie grossière, le bénéfice du fabricant
s'élève de 5 à 12 sous par chapeau. Jadis on fabriquait
des chapeaux au bas prix de 12 fr. la douzaine dans plusieurs localités, particulièrement à Saint-Pierre-le Moû-
tiers.

  On compte en France environ mille cent quatre-vingts
fabriques de chapeaux de feutre qui occupent près de dix-
huit mille ouvriers, et dont le produit s'élève à environ
20 millions; en ajoutant le quart en sus pour les marchands
de chapeaux en détail, ce commerce s'élève annuellement
à 25 millions.

Règlemens concernant la fabrication des chapeaux en France.

  La chapellerie, dit M. le comte Chaptal, avait échappé
au système réglementaire, mais un arrêt du 23 octo-
bre 1699 vint l'atteindre à son tour, et n'autorisa que la
fabrication de deux sortes de chapeaux : *castor* et *laine*.

  Des réclamations s'élevèrent de toutes parts contre
cet arrêt; elles eussent été probablement infructueuses si
elles n'avaient été appuyées par l'adjudication du domaine
d'Occident et par les députés du Canada : alors intervint
un arrêt du 10 août 1700, qui autorisa la fabrication des
quatre sortes de chapeaux suivans :

A C. *Castor fin*, marqué de la lettre C.

B C. *Demi-castor*, avec la laine de vigogne et le castor, marqué de la lettre D.

C C. *Poil de lapin*, chameau, avec vigogne et castor, marqué de la lettre M. (Le poil de lièvre étant sévèrement prohibé.)

D C. De *laine fine*, marqué L.

Ce même arrêt porte confiscation de toute autre espèce de chapeaux, prescrit des visites et prononce 1,000 fr. d'amende.

La liberté entière des fabrications a été rendue à la chapellerie; depuis, non seulement on a fait entrer dans la composition des chapeaux, plusieurs produits non mentionnés dans la liste de matières dont l'emploi était autorisé, mais encore on varie à l'infini ces mélanges. La fabrication des chapeaux de soie a ouvert la porte à une nouvelle branche d'industrie et diminué la consommation de ceux en feutre. Ces chapeaux de soie sont remarquables par leur légèreté, la richesse de leur couleur, leur brillant, l'élégance de leur forme, et surtout par leur bas prix. M. Fontés, chapelier de Paris, non seulement est un de ceux qui ont le plus contribué à leur perfectionnement, mais encore il est un des premiers qui s'est livré en France à leur confection.

SUBSTANCES EMPLOYÉES OU SUSCEPTIBLES DE L'ÊTRE DANS LES APPRÊTS, TEINTURES, ETC., DES CHAPEAUX, ETC.

Acides.

Acide acétique (vinaigre).

Tel est le nom sous lequel les chimistes modernes désignent le vinaigre pur et concentré. Les auteurs de la nouvelle nomenclature chimique avaient donné le nom d'acide acéteux au vinaigre, et celui d'acide acétique à celui qui était plus concentré, et que M. Berthollet croyait plus oxigéné que le premier. M. Pérès fut le premier à attaquer cette théorie ; il annonça que l'acide acéteux contenait plus de carbone que l'acide acétique , ou, si l'on veut , que l'acide acétique concentré n'était que de l'acide acéteux dépouillé de la plus grande partie de son carbone. Depuis , les travaux de M. Adet, confirmés par ceux de M. Darracq et d'une infinité de chimistes, ont démontré que les acides *acéteux* et *acétique* sont identiques et qu'ils ne diffèrent entre eux que par leur degré de concentration, ou, si l'on veut , par la quantité d'eau qu'ils contiennent. Nous allons maintenant examiner cet acide sous ces deux états.

Vinaigre. Il paraît que la nature fit les premiers frais de la fabrication du vinaigre, et que sa découverte dut accompagner celle du vin. Les chimistes modernes ont démontré que le vinaigre ou l'acide acétique était dû à la transformation de l'alcool des liqueurs vineuses en un acide, par la perte d'une partie de son carbone. Cette transformation est le produit d'une fermentation nouvelle qu'éprouvent les liqueurs alcooliques unies à un ferment, et qu'on nomme fermentation acide. Le vinaigre, que l'on obtient par la fermentation du vin, contient : 1° de l'acide acétique d'autant plus fort ou plus concentré que le vin était plus généreux ou plus riche en esprit ou alcool; 2° une matière colorante; 3° un mucilage; 4° du surtartrate et du sulfate de potasse ; 5° plus ou moins d'éther acétique; 6° plus ou moins d'eau.

En dépouillant le vinaigre de ces corps étrangers , on le convertit en acide acétique très fort. La bonne fabrication du vinaigre repose donc sur quatre faits principaux :

1° Une liqueur très alcoolique ;

2° Suffisante quantité de ferment ;

3° Une température de 20 à 30° ;

4° La liqueur présentant une grande surface à l'air.

On peut voir, dans mon *Manuel du Vinaigrier*, les divers procédés qui ont été suivis pour la fabrication du vinaigre: on peut fabriquer cet acide par la fermentation de tous les corps sucrés ou alcooliques. Ainsi, dans mon ouvrage précité, j'ai fait connaître ceux qu'on obtient avec l'eau-de-vie, le sucre, le miel, la bière, le cidre, l'amidon et le chiffon convertis en matière sucrée, etc. J'y renvoie mes lecteurs. Mais il est encore une autre manière de fabriquer les vinaigres sans recourir à la fermentation; je vais l'indiquer.

Vinaigre de bois. Les anciens chimistes avaient publié qu'en distillant du bois dans des vaisseaux fermés, on obtenait un acide semblable au vinaigre. Guidé par ces données, J.-B. Mollerat présenta, le 11 janvier 1808, à l'Institut, un Mémoire dans lequel il annonça que dans un établissement qu'il avait formé avec ses frères à Pellerey, pour la carbonisation du bois dans des vaisseaux fermés, ils obtenaient pour produits :

Du goudron ;

Du vinaigre ;

Du carbonate de soude cristallisé ;

Des acétates d'alumine ;

Des acétates de cuivre ;

Des acétates de soude ; etc.

Depuis, cette nouvelle branche d'industrie a pris beaucoup d'accroissement. On distille le bois dans des chaudières cylindriques en tôle très épaisse et pouvant contenir une corde de bois ; les vapeurs sont conduites par un tuyau en cuivre qui s'adapte à une sphère de cuivre placée dans un tonneau rempli d'eau froide ; de cette sphère part un tuyau semblable qui se joint à une autre sphère en cuivre également disposée ; enfin de cette dernière sphère part un dernier tuyau qui va plonger dans le foyer du fourneau. Lorsque le feu est allumé, en même temps que la carbonisation du bois a lieu, les vapeurs se rendent dans la sphère du premier tonneau pour y être condensées ; celles qui ne le sont point sont liquéfiées dans la seconde, tandis que le gaz inflammable étant porté dans le fourneau par le dernier tube, brûle et sert à entretenir cette distillation. Les produits de cette opération sont :

1° Dans la chaudière ou cornue, un très beau charbon qui fait de 28 à 30 centièmes du bois employé, tandis que par la carbonisation à l'air libre on n'en obtient que 17 à 18 ;

2° Du goudron dans les deux sphères ;

3° Dans la même sphère, de l'acide pyroligneux, qui n'est autre chose que de l'acide acétique ou vinaigre uni à du goudron.

On l'en débarrasse ou on le purifie en le distillant ; on sature le produit de cette distillation par le carbonate calcaire en poudre (marbre) ; on fait bouillir ; on décompose ensuite par le sulfate de soude ; il se précipite un sulfate de chaux, et l'on évapore la liqueur ; par la cristallisation, on a un acétate de soude sali par le goudron ; on fait éprouver à ce sel la fusion ignée, pour brûler le goudron. On le dissout dans l'eau, on filtre et on fait évaporer pour obtenir un acétate de soude presque pur qu'on dissout dans un peu d'eau, et on le décompose par l'acide sulfurique qui, s'unissant à la soude, forme un sulfate de cet alcali, tandis que l'acide acétique est mis à nu et dans un état de concentration d'autant plus fort, qu'on a dissout l'acétate de soude dans une moindre quantité d'eau. Le poids spécifique de celui des fabriques de Choisy est de 1,057 ; il sature environ 0,3 de sous-carbonate de soude ; on le reçoit dans des vases en argent.

Les vinaigres de M. Mollerat présentés à l'Institut étaient au degré suivant.

Vinaigre simple ou *ordinaire*, 2 degrés à l'aréomètre pour les sels à 12° C.

Vinaigre fort, 10 degrés ½.

Les vinaigres de vin qu'on trouve dans le commerce marquent de 2 à 4°. Il est bon de faire remarquer que ceux qu'on obtient par la carbonisation du bois sont très purs et qu'ils sont de l'acide acétique. Voyez dans mon *Manuel du Vinaigrier* la description de ces diverses opérations, la quantité des produits obtenus, les frais d'exploitation et les bénéfices qu'on en retire. Nous allons maintenant parler de l'acide acétique ou vinaigre pur.

Acide acétique. Cet acide était connu avant la nouvelle nomenclature chimique, sous le nom de *vinaigre radical*; il est liquide, incolore, très clair, d'une odeur particulière qui est très forte, d'une saveur très acide et caustique; il rougit les couleurs bleues végétales; il est inflammable, entre en ébullition au-dessus de 100°, attire l'humidité de l'air, se dissout dans l'eau et l'alcool, exerce une grande action désorganisatrice sur les substances animales, dissout le camphre, les résines, les gommes résines et les huiles volatiles. L'acide acétique le plus pur qu'on ait pu obtenir se prend en une masse cristalline représentant des tables rhomboïdales alongées, à la température de 13° C. Une forte pression peut opérer le même effet. Le poids spécifique de cet acide le plus concentré est de 1,063; dans cet état, il contient 14,78 centièmes d'eau qui sont nécessaires à son existence. L'acide acétique que l'on obtient par la distillation du vinaigre ne contient que 0,15 d'acide. L'acide acétique, étendu plus ou moins d'eau, donne un vinaigre plus ou moins fort.

On peut concentrer les vinaigres en leur enlevant une partie de l'eau qu'ils contiennent; on y parvient donc en les exposant à l'action du froid, et enlevant la glace qui se forme successivement; cette glace n'est presque que de l'eau pure. On y parvient aussi en les faisant bouillir, l'eau étant plus volatile se vaporise la première; il en est de même pour la distillation.

Analyse de l'acide acétique : il est composé tel qu'il
existe dans les acétates desséchés, d'après :

MM. Gay-Lussac et Thénard	D'après Berzelius :
Oxigène, 44, 147	Oxigène, 46, 82
Carbone, 50, 224	Carbone, 46, 83
Hydrogène, 5, 629	Hydrogène, 6, 35
100.	100.

Pureté et falsification des vinaigres.

Il est des marchands qui pour donner plus de force ou
d'activité au vinaigre faible y ajoutent des acides minéraux. Voici la manière de reconnaître la nature de l'a-
cide, ajouté. On verse dans de l'eau distillée à laquelle on
a ajouté quelques gouttes de nitrate ou d'hydrochlorate
de barite un peu de vinaigre ; s'il se forme aussitôt un
précipité blanc abondant, c'est une preuve qu'il contient
de l'acide sulfurique ; ce précipité, qui est un sulfate de
barite, l'indique. Il est rare qu'on y ajoute les acides nitrique ou hydrochlorique, parcequ'ils sont beaucoup plus
chers ; mais comme cela pourrait arriver, je vais donner
les moyens propres à reconnaître cette fraude. On sature le vinaigre par le sous-carbonate de soude ; on filtre,
on fait évaporer et cristaliser. S'il y a addition d'acide
hydrochlorique, on trouve, avec l'acétade de soude, un
sel d'une saveur très salée et en cristaux cubique qui est
un hydrochlorate de soude, également nommé sel marin,
sel de cuisine ou chlorure de sodium. Si cette sophistica-
tion est faite par l'acide nitrique, on obtient un nitrate
de soude en prismes rhomboïdaux qui a une saveur fraîche,
piquante et amère, et fuse sur le charbon comme le
salpêtre. Au reste, on trouvera dans mon ouvrage précité
les divers moyens employés pour constater les falsifications
du vinaigre, et reconnaître les quantités d'acides ajoutés.

Acide citrique.

Découvert par Schéélé dans le suc de citron. On l'obtient en saturant ce suc par le carbonate de chaux, on lave le précipité, et on le décompose par l'acide sulfurique en excès, qui s'empare de la chaux pour former un sulfate calcaire qui se précipite; on filtre et on fait évaporer dans une bassine d'argent l'acide citrique, qui est en prismes rhomboïdaux; il est transparent, d'une saveur acide, presque caustique; il rougit l'infusion de tournesol, est inaltérable à l'air, solubre dans demi-partie de son poids d'eau bouillante; l'eau froide en prend les deux tiers. D'après Gaylussac et Thénard, il est composé de

Oxigène. 59, 859
Carbone. 33, 81
Hydrogène. 6, 330

Acide hydrochlorique.

Cet acide est connu aussi sous le nom *d'esprit de sel*, *d'acide marin* et *d'acide muriatique*. Il est de sa nature gazeux, incolore, d'une odeur vive et piquante, d'une saveur très acide, répandant des vapeurs blanches à l'air, rougissant le tournesol, éteignant les corps en combustion d'un poids spécifique égal à 1,247. Par une forte pression et une basse température il se liquéfie; à celle de 50″ M. Davy a liquéfié le gaz acide hydrochlorique anhydre (dépouillé d'eau). Ce gaz acide est tellement soluble dans l'eau, que ce liquide, à une température de 20° C. et sous une pression de 76, en dissout plus de 469 fois son volume; dans ce cas celui de l'eau augmente d'un tiers. L'acide hydrochlorique liquide est incolore et répand des vapeurs blanches : si celui du commerce a une couleur ambrée, c'est qu'il n'est pas bien pur. On le distingue de l'acide sul-

furique en ce qu'il ne précipite ni l'eau ni les sels de barite, et de l'acide nitrique, en ce qu'il précipite le nitrate
d'argent.

On prépare cet acide en introduisant du sel marin bien
sec dans une cornue, et y versant de l'acide sulfurique.
Ce dernier s'unit à la soude du sel marin, tandis que l'esprit de sel ou acide hydrochlorique se dégage à l'état de
gaz et est condensé dans des flacons pleins aux deux tiers
d'eau et entourés d'eau froide, cet acide est composé en
poids, de

Chlore. 36
Hydrogène. 1

Acide nitrique (eau-forte, esprit de nitre, oxide de nitre, acide azotique, etc.)

L'azote, en se combinant avec l'oxigène donne, lieu à
deux acides qui sont : *l'acide nitreux* et *l'acide nitri-*
que. Nous ne nous occuperons que de ce dernier.

L'acide nitrique pur est incolore, liquide, transparent,
très acide, répandant des vapeurs blanches, d'une odeur
très forte, qui a de l'analogie avec celle de la rouille; il
brûle et désorganise les substances animales en leur imprimant une couleur jaune qui, faite sur la peau, ne
passe qu'avec le renouvellement de l'épiderme; il rougit
fortement la teinture de tournesol; son poids spécifique,
suivant M. Thénard, est 1,513. On n'a pu encore l'obtenir privé d'eau: à 1,620, il retient celle qui est nécessaire
à son état. L'acide nitrique se congèle à — 5o° ; il entre
en ébullition depuis le 35° jusqu'au 86° C°, suivant son
degré de concentration. Le gaz qui passe par la distillation
de cet acide est soluble dans l'eau en toutes proportions, il
est seulement un peu sali par un peu de gaz nitreux qui se
forme. Cet acide versé tout-à-coup sur les huiles de téré-

benthine et de girofle, les enflamme subitement ; il faut faire cette expérience avec beaucoup de précaution, afin de ne pas se brûler.

On prépare l'eau-forte en distillant dans de grandes cornues le nitrate de potasse (sel de nitre), avec l'acide sulfurique. Dans cette opération cet acide s'unit à la potasse du nitrate, et forme un sulfate, tandis que l'acide nitrique devenu libre se dégage à l'état de gaz, et est condensé dans des récipiens. On le redistille pour le purifier.

Pour que cet acide soit pur, il faut qu'il soit incolore et qu'il ne précipite ni les sels de barite ni ceux d'argent. On le reconnait à son odeur de rouille et à la propriété qu'il a, lorsqu'on en verse une goutte sur un morceau de cuivre, de bouillonner, et d'y former aussitôt une écume verte qui est due à l'oxidation du cuivre. Composition :

Oxigène. . . 100   En volume. . . . 2,5
Azote. . . . 35,40   1

Cet acide est très employé dans les arts, tels que la teinture, la chapellerie, pour dissoudre les métaux, etc.; en médecine, à l'état de concentration, pour ronger les verrues et les callosités; étendu d'eau, il est anti-septique, rafraîchissant. Nous devons ajouter que l'eau-forte et les acides minéraux concentrés sont de violens poisons.

Le mélange des acides nitrique et hydroclorique, à diverses proportions, constitue cet acide qui était connu sous le nom d'*eau régale*, parcequ'il était employé à la dissolution de l'or; on le nomme maintenant *acide hydrochloro-nitrique.*

Acide sulfurique (huile de vitriol, esprit de soufre.)

Nous avons dit que le soufre, en s'unissant à l'oxigène,

pouvait former quatre acides : nous ne traiterons ici que
de celui qu'on trouve dans le commerce.

L'acide sulfurique pur est incolore, inodore, très acide
et très caustique, d'une consistance oléagineuse ; il se mêle
à l'eau en toutes proportions, mais avec un phénomène
remarquable : c'est de répandre beaucoup de calorique ;
ainsi, le mélange de parties égales d'eau et de cet acide
concentré élève la température à 105° C; si l'on prend
de la glace au lieu d'eau, elle ne se porte qu'à + 50° ; et
si l'on prend une partie d'acide sur quatre de glace, elle
descend à — 20°. L'acide sulfurique désorganise la plupart des substances animales et végétales; très affaibli, il
se congèle difficilement; concentré, il prend une forme
cristalline à 10° ou 12°. Lorsqu'il est très concentré, il
bout à 320°; affaibli, il bout bien au-dessous de ce
terme; soumis à la pile, il se décompose, son oxigène
passe au pôle positif et le soufre au pôle négatif. Son poids
spécifique est de 1,85, ce qui équivaut au 66° de l'aréomètre de Baumé.

On le prépare en grand en brûlant dans de grandes
chambres de plomb un mélange de dix parties de soufre
sur une de nitrate de potasse. On n'emploie qu'un demi-
kilogramme de soufre pour chaque cent pieds cubes de
l'air qui remplit la chambre. Pour les détails de cette fabrication, *voyez* ma *Chimie médicale*.

Pour être pur, cet acide doit être incolore et dépouillé
d'acides sulfureux et hydrochlorique. Privé d'eau il est
composé de

> Soufre.................. 100
> Oxigène 146,43

Très employé dans les arts, pour la fabrication des
soudes factices, la teinture, la préparation de plusieurs
acides, le tannage, etc. En médecine, et très étendu
d'eau, comme antiseptique, astringent, rafraichissant,
etc.

Il a pour caractère spécifique de précipiter abondamment les sels de barite.

Acide tartrique (acide tartareux, acide artarique).

Découvert par Schééle. On l'obtient en faisant bouillir dix parties de crème de tartre dans cent d'eau, et saturant son acide surabondant par le carbonate calcaire en poudre; on y ajoute ensuite de l'hydrochlorate calcaire qui précipite la crème de tartre ou tartrate de potasse, à l'état de tartrate de chaux; on lave le précipité et on le fait chauffer avec soixante centièmes d'acide sulfurique étendu d'eau; on filtre et l'on fait cristalliser l'acide. Les cristaux obtenus sont ou en prismes ou en lames comme lancéolées. Cet acide rougit fortement le tournesol; quand il est pur il est incolore; il est inaltérable à l'air; il se fond et bout à 120°; par le rafraîchissement il forme une masse blanchâtre qui attire l'humidité de l'air; il est très soluble dans l'eau; l'acide nitrique le convertit en acide oxalique. Il est composé de

Oxigène............... 69,321
Carbonne 24,50
Hydrogène,........... 6,629

Il est employé dans les arts pour la teinture; on en fait une limonade sèche en l'incorporant avec le sucre.

DES BOIS.

Bois de Campéche ou d'Inde.

Il provient de l'*hœmatoxylum campechianum*. Lin. Decand. monogyn. fam. des légumineuses. Cet arbre, qui est très haut et épineux, est très commun dans la baie d'Honduras à Yucatan, Guatimala, la Jamaïque, la Mar-

tinique, à l'île de Sainte-Croix, etc. Ce bois est com-
pacte, plus pesant que l'eau, très dur, moins cependant
que celui du Brésil; il est rouge, à odeur d'iris, et d'un goût
astringent et douceâtre, susceptible de prendre un beau
poli d'un rouge vif. On le trouve dans le commerce en
grosses bûches qui sont d'un rouge noirâtre au dehors.

La décoction de campêche est d'un rouge que les acides
rendent plus vif; les alcalis, les oxides métalliques et les
sous-sels changent cette couleur en bleu-violet. La matière colorante de ce bois est également soluble dans l'alcool. Elle est employée dans la teinture pour les noirs, les
bleus et les violets; les ébénistes tirent également partie
de ce bois à cause de sa dureté et du beau poli qu'il est
susceptible de prendre. M. Chevreul en a séparé la matière colorante et lui a donné le nom d'*hématine*. D'après
ce chimiste elle se dissout dans l'eau bouillante et cristallise par le refroidissement. Cette dissolution bouillante
est d'un rouge-orangé; par le refroidissement elle devient
jaune; les alcalis lui font acquérir une couleur pourpre ou
violette; les acides lui donnent une couleur jaune qui
passe au rouge.

Bois de fustet.

Rhu cotinus. Lin. Pentand. trigyn. famille des téré-
benthinacées. C'est un grand arbrisseau qui s'élève jusqu'à
dix ou douze pieds de hauteur dans nos jardins. Ses rameaux sont grêles; ses feuilles à long pétiole, entières,
arrondies, lisses et d'un beau vert; de longs panicules
formés par des divisions filamenteuses très nombreuses,
ressemblent à une espèce de chevelure, et succédant aux
fleurs, au lieu des fruits qui avortent, terminent les rameaux. Le bois de fustet est d'un jaune assez foncé, aussi
est-il employé dans la teinture. On le multiplie par mar-
cottes.

Bois jaune des teinturiers.

Cet arbre, qui croît en Amérique et particulièrement
au Brésil, est le *morus tinctoria* de Linné. Monœcie tétran-
drie, fam. des urticées. Il est en gros tronçons, léger,
d'une couleur jaune avec des veines orangées. Ce bois est
très chargé de matières colorantes. Sa décoction est d'un
jaune rougeâtre foncé que les alcalis rendent presque
rouge ; les acides troublent un peu cette décoction et en
affaiblissent la couleur ; l'hydrochlorate d'étain le précipite
en jaune.

Colle-forte, colle de Flandre.

C'est ainsi qu'on nomme la gélatine qu'on retire des
oreilles et pieds de bœufs, chevaux, moutons, veaux,
ainsi que des parties blanches de ces divers animaux. Cette
colle est coulée en tablettes sèches, cassantes, brunes,
jaunâtres, rougeâtres, transparentes ou demi-transparentes, suivant leur degré de pureté et le soin qu'on a pris
de la préparation. Ainsi plus la colle est transparente,
décolorée et soluble dans l'eau bouillante, plus elle est
pure, et plus elle doit être recherchée. Celle qui est noirâtre est très impure ; elle n'est guère propre qu'à la grosse
menuiserie.

On extrait également la gélatine des os, en les traitant
par l'acide hydrochlorique affaibli, qui dissout le phosphate calcaire et laisse la gélatine à nu. Ce procédé est dû
à M. Darcet. On peut aussi extraire la gélatine des os, en
les soumettant à l'action de la vapeur de l'eau, sous une
forte pression ; par ce moyen on en dépouille entièrement
le phosphate calcaire. Nous en avons vu à l'exposition
ainsi préparée, qui était très belle ; mais en général les
diverses colles que nous y avons remarquées contenaient

plus ou moins de savon ammoniacal ; ce qui les rendait en partie solubles dans l'eau froide. Ce savon était dû à un commencement de décomposition de la gélatine.

Colle de poisson (ichtyocolle).

Ce sont les vésicules aériennes d'un esturgeon (*acipenser huso*. Lin.), qui a ordinairement 24 pieds de longueur sur 12 de largeur. On nettoie ces vésicules, on les roule sur elles-mêmes, et on les fait sécher, en leur donnant la forme d'un cœur ou d'une lyre ; ou bien, au lieu de les rouler, on les plie comme une serviette. La colle de poisson du commerce est plus ou moins estimée, suivant qu'elle a une des formes précitées ; ainsi :

1° La *colle de poisson en lyre*, connue aussi sous le nom de *petit cordon*, est la plus chère ;

2° La *colle de poisson en cœur*, dite *gros cordon*, vient après ;

3° La *colle de poisson en livrets* est la moins recherchée.

Il serait bien difficile d'établir sur quelle propriété est fondée cette préférence, puisqu'il n'existe qu'une différence de forme, et que toutes donnent, à peu de chose près, les mêmes quantités d'excellente gélatine.

Gomme arabique.

Cette gomme est de même nature que celle qui suinte des écorces des abricotiers, des amandiers, des cerisiers, des pruniers, etc. La gomme arabique est solide, souvent en globules, inodore, d'une saveur fade, transparente, incolore, quand elle est pure, jaune d'or, ou plus ou moins rougeâtre lorsqu'elle est unie à des corps étrangers. Elle est soluble dans l'eau chaude et dans l'eau froide ; insoluble dans l'alcool, l'éther et les huiles ; elle est inaltérable à l'air, incristallisable et blanchissant par le contact prolongé de la lumière. Légèrement torréfiée, elle devient, suivant M. Vauquelin, plus soluble dans l'eau. L'alcool la précipite des solutions aqueuses qui n'en contiennent même qu'un millième.

La gomme arabique du commerce se distingue suivant son degré de blancheur, en *premier* et *second blanc*; celle en *sorte* est un mélange des *gommes incolores* et *colorées*. On distingue plusieurs variétés de gomme arabique:

1° La *gomme de Bassora*. En morceaux irréguliers, le plus souvent d'un petit volume, et parfois de la grosseur du pouce. Elle est blanche ou jaune, inodore, moins transparente que la gomme du Sénégal, et cependant moins opaque que la gomme adragant:

2° *Gomme de France*. C'est celle qui suinte des abricotiers, cerisiers, amandiers, etc. Elle est ou incolore ou jaunâtre et rougeâtre; imparfaitement soluble dans l'eau, et formant avec ce liquide un mucilage qui se rapproche de celui de la gomme adragant;

3° *Gomme du Sénégal*. On en importe en France quatre variétés: A. la *gomme transparente toute soluble*; celle-ci constitue presqu'en entier les gommes du Sénégal et d'Arabie; elle est incolore ou diversement colorée; elle est ridée à l'extérieur, et sa solution rougit le tournesol; B. la *gomme blanche fendillée*, nommée également *gomme turique*, c'est un choix de la précédente; C. la *gomme pelliculée*, blanche et plus souvent brunâtre, pellicule qui recouvre quelques parties; moins soluble et rougit le tournesol; D. *Gomme verte*; sa couleur varie du jaune au vert d'émeraude.

Indigo.

Ce n'est que vers le milieu du 16e siècle que l'indigo a été apporté de l'Inde en Europe. Cette matière colorante est fournie par les feuilles de plusieurs plantes presque toutes rangées dans le genre auquel, en raison de cette propriété, on a donné le nom d'*indigotifera*. Les végétaux d'où on le retire plus particulièrement sont :

1° L'*indigotifera argentea*, indigotier sauvage. Cette espèce en fournit moins que les autres; mais, en revanche, c'est le plus beau ;

2° L'*indigotifera tinctoria*, indigotier français ; c'est celle qui en donne le plus, mais c'est aussi le moins beau de tous ;

3° L'*indigotifera disperma*, ou Guatimala. Cette plante est la plus élevée et la plus ligneuse; son indigo est meilleur que le précédent;

4° L'*indigotifera anil*, ou l'anil. Son indigo est au minimum d'oxidation.

Ces plantes sont indigènes des Indes et du Mexique, d'où on les a transportées dans les deux Amériques, à la Chine, au Japon, à Madagascar, en Égypte, etc.; elles appartiennent à la Diadelphie Décandrie Lin., fam. légumineuses. Voici la manière dont on extrait l'indigo de ces feuilles :

Quand elles sont au point de maturité, on les cueille, on les lave et on les coupe; on les met ensuite dans une cuve, et on les recouvre d'un peu d'eau; on a soin de les empêcher de flotter en les fixant au moyen de planches chargées de pierres. La fermentation s'établit bientôt, la liqueur contracte une couleur verte et devient acide; elle offre à sa surface un grand nombre de bulles et des pellicules irisées; en cet état, on fait passer cette liqueur dans une cuve placée plus bas, on la remue et on en sépare l'indigo en y ajoutant une suffisante quantité d'eau de chaux. On lave le dépôt à plusieurs eaux et on le fait sécher à l'ombre.

L'indigo pur est solide, inodore et insipide, d'un bleu violet, inaltérable à l'air, susceptible de cristalliser en aiguilles, insoluble dans l'eau et l'éther, très peu soluble dans l'alcool bouillant et s'en précipitant par le refroidissement; il est décoloré très aisément par le chlore. Si on le chauffe dans une cornue, une partie se volatilise et se condense à la partie supérieure en aiguilles cuivrées, tandis que l'autre se décompose. Les acides faibles ne le dissolvent point, à l'exception de l'acide nitrique qui le change en un principe très amer et jaune. L'acide sulfurique concentré le dissout très facilement; l'acide hydrochlorique n'agit point sur l'indigo à la température atmosphérique; secondé par l'action du calorique, il acquiert une couleur jaune qui paraît être le résultat de la décomposition d'un peu d'indigo.

On enlève la couleur bleue à l'indigo, et on lui en donne une jaune, en le désoxigénant par un contact prolongé avec les matières désoxigénantes; on lui restitue cette couleur bleue en favorisant son oxigénation par son exposition à l'air. L'indigo désoxigéné est soluble dans l'eau, surtout au moyen des alcalis. On désoxigène l'indigo, disséminé dans l'eau, par l'hydrogène sulfuré, l'hydrosulfure d'ammoniaque, le protosulfate de fer (couperose verte) et un alcali, la potasse et le protoxide d'étain, etc. Dans les teintures, on recourt plus ordinairement au procédé suivant :

Sulfate de fer (couperose verte). . . 2 parties
Chaux éteinte. 2
Indigo en poudre fine. 1
Eau. 150

On introduit toutes ces substances dans un matras qu'on expose à une température de 40 à 50° pendant quelques heures. Il résulte de cette réaction que la chaux s'unit à l'acide sulfurique pour former un sulfate insoluble, et le protoxide de fer précipité désoxigène l'indigo, etc. La dissolution de l'indigo dans l'acide sulfurique est désoxigénée par la limaille de fer ou de zinc; elle acquiert une couleur d'un gris pâle et repasse au bleu par le contact de l'air.

L'indigo du commerce n'est jamais pur ; pour l'obtenir en cet état, on le chauffe dans un creuset de platine bien fermé, qu'on soumet à l'action du calorique ; l'indigo se sublime en cristaux.

L'indigo a une cassure fine et unie ; raclé avec l'ongle, il prend une couleur cuivreuse ; l'on donne même la préférence à celui dont cette couleur est plus éclatante, et qui est plus léger et d'une couleur bleue-violette foncée.

Les négocians distinguent les indigos par les noms des contrées d'où ils proviennent ; ainsi :

1° L'indigo de l'Inde est appelé du *Bengale*, de *Madras*, de *Coromandel*, etc. ;

2° L'indigo de *Guatimala* est nommé *indigo Guatimolo*, *indigoflore* : c'est le plus estimé de tous ;

3° L'indigo de la *Louisiane*, etc.

On peut également extraire l'indigo du *nerium tinctorium*, arbre qui est indigène de l'Inde.

D'après M. Chevreul, l'indigo du commerce est un composé de :

Un principe immédiat particulier (indigotine) ;

Une résine rouge, soluble dans l'alcool ;

Une substance rouge-verdâtre, soluble dans l'eau ;

Du carbonate de chaux ;

De l'alumine, de la silice ;

De l'oxide de fer.

D'après l'analyse de MM. Dumas et Le Royer, l'indigo pur est composé de

Carbone.	73,26
Azote.	13,75
Hydrogène. . . .	2,83
Oxigène.	10,16
	100,00

Noix de galle.

On donne ce nom à une excroissance ronde produite sur les bourgeons du *quercus infectoria* de Linnée, par la piqûre d'un insecte nommé par le même naturaliste, *cynips quercûs folii*, et par Geoffroy, *diplolepsis gallæ tinctoriæ*. Ce chêne est très commun dans toute l'Asie mineure; on le trouve depuis les côtes de l'Archipel jusqu'aux frontières de la Perse, et des rives du Bosphore jusqu'en Syrie, etc. Cet arbre n'a pas plus de six pieds de hauteur; son tronc est tordu, ses feuilles caduques et d'un beau vert, à pétioles courts, etc. Le *cynips* est un petit insecte hyménoptère dont le corps est fauve, les antennes brunes; il pique les jeunes pousses avec son aiguillon, qui est en spirale, et y dépose ses œufs. Cette piqûre produit une irritation dans les vaisseaux séveux, qui est bientôt suivie d'un gonflement qui, en deux trois jours, a produit ce qu'on appelle noix de galle. Les œufs qui y sont déposés croissent avec la galle, et y entretiennent cet état d'irritation. On doit récolter les galles avant que les larves produites par les œufs soient passées à l'état de mouches, et se soient fait jour à travers la galle pour en sortir. La grosseur qu'acquièrent les galles, est de cinq lignes à un pouce de diamètre. Les naturels donnent le nom de *ycrti* aux premières galles qu'on cueille; dans le commerce on les nomme *galles vertes*, *galles bleues ou noires*. Les blanches sont celles qu'on cueille plus tard; elles sont plus légères et piquées. Voici les diverses espèces de galles:

Galles vertes ou d'Alep. Couleur brune ou verdâtre à l'intérieur; compactes, dures, pesantes, hérissées de tubérosités; saveur amère très astringente. Les plus estimées viennent d'Alep, de Smyrne, de l'intérieur de la Natolie, etc.

Galles blanches. Couleur jaune-brunâtre; en général,

plus grosses, très légères, moins dures, piquées et d'une saveur peu amère, et moins astringente. — Peu estimées.

Galles de chêne. Celles-ci croissent en France, sur les chênes verts. Elles sont rondes, unies et brunâtres. Elles sont bien inférieures aux galles vertes, mais un peu supérieures aux blanches.

Les noix de galles contiennent principalement beaucoup de tannin et d'acide gallique.

OXIDES MÉTALLIQUES.

Deutoxide d'arsénic (arsénic, arsénic blanc, mort-aux-rats, etc.).

Bien des chimistes regardent ce deutoxide comme un acide qu'ils nomment *acide arsénieux.* Voici ses propriétés caractéristiques. Il est blanc, lorsqu'il est réduit en poudre ou exposé au contact de l'air ; lorsqu'il est en masse, il est couvert d'une croûte blanche, et l'intérieur est d'une transparence égale à celle des plus beaux cristaux. Il est souvent incolore, d'autres fois il a une nuance dorée, avec des filets ou couches jaunâtres ou rougeâtres. Il est très facile à pulvériser ; jeté sur les charbons ardens, il se volatilise en une fumée blanche et répand une odeur d'ail très forte qui est propre à ce métal ; si l'on expose une plaque de cuivre à cette vapeur arsénicale, elle blanchit de suite.

Le deutoxide d'arsénic à froid est inodore, il a une saveur très âcre qui laisse un arrière-goût douceâtre ; il est réductible par la pile ; inaltérable à l'air, soluble dans quinze parties d'eau bouillante, et quatre cents de froide ; la première solution donne, par le refroidissement, des cristaux tétraédriques bien marqués. — C'est un poison violent.

Tritoxide de fer (colcotar, rouge d'Angleterre, rouge de Prusse).

Cet oxide est d'un beau rouge, tirant un peu sur le brun, plus fusible que le fer, indécomposable par le calorique, non magnétique, se réduisant par le fluide électrique, insoluble dans l'eau. Il est le principe colorant de la sanguine, du brun rouge, etc.

On le prépare en calcinant fortement le sulfate de fer. Si cette calcination n'est pas poussée bien avant, il y a une portion de ce sel qui échappe à la décomposition ; pour l'en dépouiller on le calcine de nouveau, ou bien on le lave, après l'avoir broyé. Cet oxide est composé de

fer. 100
oxigène. . . . 43, 31

On prépare aussi le rouge de prusse, en calcinant les argiles ocracées ; mais il est évident que, dans ce cas, il est moins pur, puisqu'il contient de l'alumine, de la silice, etc.

SELS.

Sous-acétate de deutoxide de cuivre (verdet ou vert-de-gris).

En France, ce sel est fabriqué dans les départemens de l'Aude et de l'Hérault. On prend des plaques de cuivre mince, on les bat, et on les fait chauffer à environ cinquante degrés. On les trempe alors dans du vin chaud ou du vinaigre. On place sur le sol une couche de bon marc de raisin, et par-dessus, une couche de plaques de cuivre, et successivement une couche de marc et une de cuivre. Au bout d'un mois ou d'un mois et demi, suivant le degré de spirituosité du marc, les plaques sont couvertes d'une couche verdâtre. On les enlève, et on les place l'une à côté de l'autre transversalement. On les arrose ensuite plusieurs fois avec de l'eau acidulée par le vinaigre, et quelquefois avec de l'eau tiède. Cette couche de sel se gonfle, et l'on voit se former une efflorescence blanchâtre qui offre sur les bords de longues aiguilles, et qui se sépare facilement de ces plaques : alors le vert-de-gris est fait. On le racle, et on laisse reposer les plaques quelque temps, pour reprendre ensuite cette opération. Il est bon de faire observer que, tant qu'elle dure, on chauffe l'atelier de manière à entretenir la température à $+$ 20° C.

Ce sel, tel qu'il se trouve dans le commerce, est en pains de douze à vingt livres, tassés dans un sac de peau blanche ; il doit être vert, avec des efflorescences blanches, très sec et dur ; il est indécomposable par l'acide carbonique. Traité par l'eau, ce liquide dissout l'acétate neutre, et l'oxide hydraté de cuivre reste pour résidu. Par l'action du calorique, le métal est réduit. D'après M. Proust, le vert-de-gris est composé de

> acétate de cuivre neutre. . . . 43
> hydrate de cuivre. 37, 5
> eau. 15, 5

Ce sel est un poison violent ; malgré cela il entre dans la composition de quelques médicamens externes ; il est employé dans la peinture, etc.

Acétate de cuivre (verdet cristallisé, cristaux de Vénus).

On prépare ce sel en faisant dissoudre le vert-de-gris dans le vinaigre, filtrant la dissolution, et la laissant cristalliser. L'acétate de cuivre a une saveur styptique et sucrée ; il est soluble dans l'eau et l'alcool ; il cristallise en rhombes très réguliers. D'une belle couleur verte très foncée qui tire sur le noir. Le calorique le décompose ; il s'en dégage de l'acide acétique coloré par un peu d'oxide qu'il entraîne; et il se sublime en même temps, suivant la remarque de Vogel, un peu de cet acide anhydre, qui est en cristal d'un blanc satiné. Ce sel est composé de

acide acétique. 51, 29
deutoxide de cuivre. 39, 05
eau. 9, 06

Ce sel est employé dans la peinture pour le vert d'eau, pour le lavis des plans, pour préparer le vinaigre radical, etc. On le conseille en médecine comme excitant; mais il est si vénéneux que nous n'hésitons point à en proscrire l'emploi.

La couche de cette substance verte qui se forme sur les vases de cuivre, et à laquelle on donne le nom de vert-de-gris, est un sous-carbonate de cuivre qui est même plus délétère que le verdet du commerce.

Acétate de fer.

On peut obtenir trois acétates de fer:

1° Le proto-acétate, en faisant bouillir la tournure de fer sans le contact de l'air, par l'acide acétique concentré; dans ce cas, l'eau est décomposée, son oxigène se porte sur le fer et l'oxide, tandis que son hydrogène se dégage.

2° Le deuto et tri-acétate de fer, en dissolvant le deuto ou tritoxide de fer dans le même acide.

3° Le procédé suivi dans les manufactures pour obtenir le tri-acétate de fer, consiste à laver la limaille de fer, à la laisser exposée à l'air pendant quelques jours, et à la faire bouillir dans du bon vinaigre ou dans l'acide pyroacétique avec le contact de l'air. Dans ce cas l'oxigène de l'air et celui de l'eau concourent à l'oxidation du fer. Le tri-acétate de fer est liquide, très soluble et incristallisable. Sa solution évaporée se convertit en sous-acétate insoluble, que l'eau convertit bientôt en péroxide de fer. Ce tri-acétate est maintenant très employé dans les manufactures de toiles peintes, pour les couleurs rouille, et comme base des couleurs noires qui n'ont pas, comme celles où entre le sulfate de fer, l'inconvénient de tourner au brun.

Citrate de fer.

Comme pour le sel précédent, on lave bien la limaille de fer, on l'expose à l'air, on la mouille de temps en temps, et quand elle est convertie en sous-carbonate de fer (rouille), on la fait bouillir dans une chaudière en fer avec du suc de citron clarifié, jusqu'à ce que cet acide en soit saturé; on filtre alors et l'on fait évaporer convenablement. Le citrate de fer est soluble dans l'eau et susceptible de cristallisation. C'est peut-être le meilleur sel ferrugineux qu'on puisse employer pour la teinture en noir, surtout pour la chapellerie. Malheureusement le prix de l'acide citrique est trop élevé pour pouvoir y recourir économiquement.

Hydro-ferro-cyanate de fer (bleu de Prusse).

Découvert en 1710 par Diesbach, de Berlin. Ce sel est d'un très beau bleu; il est insipide, inodore, insoluble dans l'eau et l'alcool, s'altérant par le contact de l'air, et prenant avec le temps une couleur verte. Par la distillation, il donne des acides hydrocyanique et carbonique, du carbonate ammoniacal, un gaz inflammable, etc. Le résidu calciné est attirable à l'aimant. L'acide sulfurique le décompose en le décolorant. Ce caractère distingue le bleu de Prusse de l'indigo, que cet acide dissout sans altérer sa couleur. Les alcalis, la chaux, etc., le décolorent et s'unissent à son acide en précipitant presque tout l'oxide de fer.

On prépare le bleu de Prusse en grand, en calcinant, à une chaleur rouge, un mélange, à parties égales, de potasse et de sang desséché, ou des débris de cornes et de plusieurs autres substances animales.

Ce sel est formé par l'acide hydro-ferro-cyanique et l'oxide de fer. Il est employé dans les arts et pour la teinture du bleu Raymond.

Hydro-ferro-cyanate de potasse.

Ce sel est jaune serin, transparent, cristallisant en gros cristaux prismatiques quadrangulaires, inodore, s'effleurissant à l'air, solublé dans l'eau et en conservant o,15 dans ses cristaux. On l'obtient en faisant digérer le bleu de Prusse en poudre dans l'acide sulfurique, pour lui enlever l'alumine et les substances étrangères qu'il contient souvent; on lave à plusieurs eaux le résidu, et on le verse dans une solution bouillante de potasse jusqu'à ce qu'elle cesse de décolorer; on filtre et l'on obtient ce sel en cristaux par l'évaporation d'une partie de la liqueur.

Ce sel est très employé dans la teinture dite bleu Raymond, du nom du chimiste qui en a fait la première application à cet art.

Nitrate de deutoxide de mercure.

On prépare ce sel en faisant bouillir un excès d'acide nitrique sur du mercure; si l'on concentre ensuite la liqueur, ce nitrate cristallise en belles aiguilles blanches, solubles dans l'eau. Cette dissolution est très corrosive; elle tache l'épiderme en rouge et le décompose même; ces cristaux, broyés et traités par l'eau, sont décomposés. Il en résulte un sous-sel insoluble qui est blanc si l'on opère avec de

l'eau froide, et jaune si c'est avec l'eau bouillante; ce
dernier porte le nom de *turbith nitreux*. La liqueur tient
en dissolution un sur-sel qui est très acide.

Le nitrate de mercure est employé pour le feutrage des
poils de lièvre et de lapin.

Sulfate de deutoxide de cuivre (couperose bleue, cuivre vitriolé, vitriol bleu, vitriol de cuivre, vitriol de Chypre, etc.)

Ce sel est inodore, d'une saveur âcre et très styptique,
en cristaux bleus transparens, irréguliers, et quelquefois
en octaèdres ou décaèdres, jouissant de la double réfraction, légèrement efflorescens, et offrant alors une matière pulvérulente d'un blanc verdâtre; soluble dans quatre parties d'eau froide, et subissant la fusion aqueuse.
L'alcali volatil en précipite l'oxide qui reste suspendu
dans la liqueur et lui donne une belle couleur bleue. On
désigne cette préparation par le nom d'*eau céleste*.

Sulfate de fer (couperose, couperose verte, vitriol vert, vitriol martial, mars vitriolé, etc.

Récemment cristallisé, ce sel est en prismes rhomboïdaux, d'un beau vert d'émeraude, transparent, et s'effleurissant à l'air en absorbant son oxigène; il se convertit alors en sulfate de tritoxide de fer, qui est en taches
jaunes sur les cristaux précités. Le sulfate de fer est inodore, stytique, et si soluble dans l'eau, que neuf parties
de ce liquide bouillant en dissolvent douze de ce sel. Ce
sel exposé à l'action d'une haute température, perd d'a-
bord son eau de cristallisation, ensuite une plus grande
partie de son acide, tandis que l'oxide passe au maximum

d'oxidation ; l'on a alors pour produit un sous-sulfate de tritoxide de fer, nommé *colcotar*, qui est de couleur rouge.

Tartrate de fer.

Ce sel se prépare comme le citrate de fer , avec la seule différence qu'on emploie l'acide tartrique au lieu de l'acide citrique. Employé pour la teinture en noir , et supérieur au sulfate de fer , mais d'un prix bien plus élevé.

Tournesol en pain.

On fabrique cette substance colorante en Auvergne , en Dauphiné , etc., avec plusieurs lichens, principalement avec le *varidaria orcina* d'Achard. Le procédé consiste à pulvériser les feuilles de ces lichens, à en faire une pâte avec de l'urine et la moitié de leur poids de cendres gravelées, en ayant soin d'ajouter de l'urine à mesure qu'elle s'évapore. Au bout de quarante jours de putréfaction , ce mélange acquiert une couleur pourpre; on le met alors dans une autre auge , et on y ajoute encore de l'urine : c'est alors que se développe la couleur bleue. Alors on divise cette pâte et on y ajoute de l'urine et de la chaux. Pour dernière préparation , on fait entrer dans la composition de cette pâte, ainsi obtenue, du carbonate de chaux pour lui donner de la consistance, et on la réduit en petits pains qu'on fait sécher.

SECONDE PARTIE.

CHAPEAUX FEUTRÉS.

On donne le nom de feutre à une étoffe résultant du croisement et entrelacement des poils de certains animaux qui est produit par le foulage. L'expérience a démontré que les poils de certains animaux possèdent exclusivement cette propriété et que, quelle que soit la finesse des fibres végétales, elles ne se feutrent jamais, à moins qu'ayant déjà subi une sorte de décomposition et soumises à l'action continuée du pilon ou du cylindre, on ne les réduise en une pâte qui constitue le papier. Dans ce cas même, cette espèce de feutre diffère essentiellement de ceux dont nous avons à nous occuper.

La théorie du feutrage a fait l'objet des recherches d'un de nos plus illustres physiciens. M. Monge attribuait cette propriété aux aspérités que l'on remarque sur la surface des poils des animaux, lesquelles aspérités se trouvent avoir toutes leur direction dans le même sens. A l'appui de son opinion il citait 1º la facilité avec laquelle on peut parvenir à dénouer, au moyen de percussions légères, un cheveu noué et placé dans le milieu de la main fermée, et en supposant que ce cheveu ait sa racine dirigée vers le sol ; ce qu'il y a de plus curieux encore, c'est que si on lui a donné une direction contraire, on resserre le nœud de plus en plus ; 2º le mouvement progressif qu'on peut imprimer à un cheveu quand on le frotte longitudinalement entre deux doigts. On remarque en effet, dit M. Robiquet (1), qu'il marche constamment dans ce cas du côté où se trouve sa racine. Nous faisons observer à ce sujet

---

(1) Dictionnaire technologique.

que ces deux exemples ne sauraient nullement être favorables à la théorie de M. Monge. Le cheveu est de forme cylindrique avec un petit renflement longitudinal comme le jonc. Cette sorte de cylindre, depuis le bulbe jusqu'à son extrémité, devient de plus en plus fin; il décrit, pour ainsi dire, un cône alongé dont la base est le bulbe; aussi est-il très facile de reconnaître le gros bout ou mieux celui par lequel ce cheveu adhère à la peau. Il suffit de le tourner entre les doigts pour voir le gros bout monter s'il est à la partie supérieure, ou descendre s'il est à la partie inférieure. J'en ai examiné plusieurs au microscope d'Amici, perfectionné par Vincent Chevalier et fils, et je me suis bien convaincu que les cheveux ne sont point recouverts d'une sorte de petites écailles comme on le croit vulgairement, mais qu'ils offrent un bulbe plus ou moins gros, de forme ovoïde, de couleur blanche, dont le prolongement produit le cheveu. Au milieu est un canal médullaire qui a environ un cinquième de diamètre du cheveu, et qui lui transmet le liquide propre à sa nutrition. Le jarre se rapproche de cette structure.

D'après ces données que le cheveu marche constamment du côté où se trouve sa racine, M. Monge en avait conclu que les poils droits ne pouvaient se feutrer sans préparation préliminaire, parceque d'après leur structure, et quelle que soit la direction qu'on puisse leur donner au moyen de l'arçon, ils cheminent toujours directement dans le sens de leur bulbe et finiraient par s'échapper complètement (1). C'est au moyen du sécrétage que l'auteur pense qu'on remédie à cet inconvénient; il croit que par cette opération, on recourbe l'extrémité des poils, et qu'on facilite ainsi leur entrelacement ou feutrage. Cet entrelacement serait encore favorisé par la température à laquelle l'ouvrier opère, et par le mouvement qu'il com-

(1) Robiquet, *loco citato.*

munique tant au moyen de la main que par celui de la brosse.

M. Malard, dans un Mémoire présenté à la Société d'encouragement pour l'industrie nationale, a présenté une série d'observations qui ne s'accordent nullement avec la théorie de M. Monge. Nous allons les faire connaître :

1° Les poils de quelques animaux, tels que ceux de lapins de garenne, quoique aussi droits que ceux de lièvre, de castor et d'autres animaux qui ne se feutrent qu'après l'opération du sécrétage, sont susceptibles de feutrage sans préalablement les avoir soumis à aucune préparation ;

2° Les laines droites (celles de la Beauce, du midi de la France) se feutrent également sans préparation, tandis qu'au contraire les laines d'Espagne et même celles des métis, qui sont tournées en spirale, sont peu propres au feutrage.

D'après ces observations, il paraît évident que si les aspérités des poils ou leurs écailles favorisent leur feutrage, cependant elles n'en sont point la cause unique comme on vient de le voir. Nous reviendrons sur ce sujet quand nous parlerons du feutrage; nous nous bornerons à dire en ce moment que M. Guichardière avance que les poils qui ont des aspérités se refusent au feutrage. Cette opinion ne paraît pas conforme à l'observation, et quel que soit d'ailleurs le mérite de l'auteur et les services qu'il a rendus à la chapellerie, cette opinion, pour être admise, aurait besoin d'être appuyée sur des faits nombreux et soigneusement constatés.

Il est peu de fabrications qui exigent des opérations si variées que celle des chapeaux. Nous allons les décrire successivement.

Avant de procéder au feutrage, on fait subir aux peaux quelques préparations préliminaires qui portent différens noms, et que nous allons faire connaître.

Dégalage.

Le poil des peaux est souvent rempli de poussière et de corps étrangers dont il importe de les débarrasser : c'est ce qu'on nomme en termes de l'art, *dégaler*. On pratique cette opération au moyen d'une espèce de petite carde, connue sous le nom de *carrelet*. L'ouvrier promène doucement cet outil sur le poil, et bat ensuite la peau avec une baguette du côté opposé ; il continue ces deux opérations jusqu'à ce qu'en agitant fortement les peaux, il n'en sorte plus de poussière. En cet état, on les soumet à l'opération suivante :

Ébarbage ou éjarrage.

Nous avons déjà dit que les poils de castor, de lapin, de lièvre, etc., étaient composés de duvet et de jarre, et que celui-ci non seulement ne se feutrait point, prenait mal la teinture, mais qu'il diminuait la beauté et la qualité des chapeaux. Or, les fabricans ont employé divers moyens pour séparer ce jarre du duvet.

Les mots ébarbage et éjarrage semblent à peu près synonymes ; cependant il existe entre eux une petite différence. Nous avons déjà dit que dans les peaux de castor et de lapin, le jarre adhère moins à la peau que le duvet ; c'est en raison de cette propriété et vu la plus grande longueur du jarre qu'on s'attache à l'arracher ; c'est ce qu'on nomme *éjarrage*, tandis que l'*ébarbage* s'y applique aussi, mais plus communément aux peaux de lièvre, dont le jarre est plus adhérent au cuir que le duvet. Je vais décrire ces deux opérations.

5.

Éjarrage des peaux de lapins.

Cette opération est également connue sous le nom d'arrachage ; elle s'opère de la manière suivante : on étend pendant deux ou trois jours les peaux bien dégalées dans une cave ou tout autre lieu bas et humide, en ayant soin de les retourner trois ou quatre fois par jour, afin qu'elles se ramollissent également. On les porte ensuite par cinquantaines à l'atelier ; on coupe les *pattons*, et l'on ouvre les peaux dans leur longueur avec une espèce de couteau très tranchant à lame large et mince que l'on nomme *tranchet*. On s'attache ensuite à les bien *détirer*, c'est-à-dire à faire disparaître, au moyen des poignets, les plis que ces peaux ont contractées (1). Au fur et à mesure que les peaux sont détirées, on les tasse les unes sur les autres, et on les surcharge d'une planche sur laquelle on place un corps très pesant. Par ce moyen non seulement on prévient le prompt dessèchement des peaux, mais encore un finit d'effacer les plis et les rides. Après ces préliminaires, l'ouvrière pratique l'arrachage de la manière suivante : elle place la peau sur son genou droit de manière que le poil soit en dehors, la *culée*, ou côté de la queue, vers le haut, et celui de la tête placé entre ce même genou et un établi. Voici la manière de M. Morel (2). L'ouvrière, armée d'un tranchet, suffisamment garni de linges pour éviter qu'il ne la blesse, et qu'elle saisit d'abord des deux mains par ses deux extrémités, le fait mouvoir de telle sorte que la lame, appuyée presque verticalement par son tranchant sur le poil, vient, par un mouvement subit et

---

(1) Le détirage est une opération préliminaire fort essentielle, en ce qu'elle rend l'arrachage et le coupage plus aisés.

(2) Traité théorique et pratique de la fabrication des feutres.

égal des deux poignets, à la position horizontale, le tranchant tourné du côté de l'ouvrière. Ces deux mouvemens, exécutés et renouvelés avec toute la célérité dont les muscles sont susceptibles, et en avançant peu à peu de la tête vers la culée, font tout le mécanisme de cette opération, qui, d'un seul temps, saisit et enlève le jarre sans arracher le poil fin. Il est néanmoins rare que cette première façon suffise pour enlever la totalité des jarres ; c'est pourquoi l'arracheuse, après l'avoir exécutée, doit retourner sa peau bout pour bout ; et, tandis qu'elle la tient de la main gauche, la droite retient seule le tranchet, entre la lame duquel, et le pouce revêtu du *poucier* (1), elle saisit les jarres qui sont demeurés, et les tire à rebrousse-poil. Il est aisé de voir que les ouvrières doivent joindre à beaucoup d'adresse une grande habitude de ce travail.

On pratique également cette opération en plaçant les peaux sur un chevalet en faisant agir une plane sur le jarre ; ce procédé est bien moins usité que le précédent. Nous devons ajouter que l'éjarrage ne s'applique qu'au poil du dos de l'animal, et qu'on doit bien faire attention à ne pas atteindre le bout du duvet, qui est la partie la plus soyeuse et la plus fine. Quant au poil de la gorge et du ventre, on est dans l'usage de le raccourcir de près d'un tiers. Sans cette précaution, on rendrait difficilement le feutre uni. Quand l'arrachage est terminé, on bat les peaux à la baguette pour les dépouiller du jarre coupé qui reste dans le duvet, et qu'on nomme gros. On les met ensuite deux à deux, cuir contre cuir, et par paquets de cent quatre qui sont visités par un nouvel ouvrier, lequel leur fait subir de semblables opérations pour les en dépouiller complètement.

---

(1) C'est ainsi qu'on nomme un doigt de peau qui sert à le garantir du tranchant de l'outil lorsqu'il presse le jarre contre ce même tranchant avec ce doigt.

Quelle que soit l'adresse de l'ouvrière, il arrive parfois qu'elle arrache des parties de la peau. On doit éjarrer les mêmes parties, dites *évidures*, et les joindre aux peaux dont elles faisaient partie.

Éjarrage des peaux de castor.

L'opération est la même, avec cette différence que comme la peau du castor est plus grande et que son jarre est beaucoup plus fort, il est nécessaire de recourir à un outil bien plus gros, qu'alors un homme fait mouvoir; celui-ci place la peau sur un *chevalet*, l'y fixe au moyen d'un *tire-pied*, s'asseoit sur l'un des bouts du chevalet, et prenant la plane (1) par les deux manches, lui fait exécuter sur la peau de castor les mêmes mouvemens qu'on imprime au tranchet sur les peaux de lapins. Après cette opération, une ouvrière enlève au tranchet les parties du jarre qui ont pu échapper à l'action de la plane. C'est ce qu'on nomme repassage. On bat ensuite les peaux de castor à la baguette pour en séparer le *gros*.

Ébarbage de peaux de lièvre.

Le jarre du lièvre adhère, comme nous l'avons déjà dit, bien plus à la peau que le duvet. On est donc obligé de le couper aux ciseaux ; c'est ce qu'on nomme *ébarber*. Pour cela, l'ouvrière, après avoir peigné doucement le poil au moyen du *carrelet*, afin que tous les poils ou jarres se trouvent tous disposés dans leur situation naturelle, l'ouvrière, dis-je, coupe, avec de longs ciseaux bien tranchans, le jarre sur toute la surface de la peau et à la fleur du duvet, sans toucher aucunement à celui-ci. Ce travail demande beaucoup d'attention et d'adresse. Quand cette opération a été bien faite, et sur une des belles peaux, dites de *recette*, leur surface offre sur le dos une couleur

---

(1) Cette plane est le plus souvent à deux tranchans.

noire veloutée, sans aucune apparence de jarre; cette couleur diminue d'intensité en descendant vers les flancs.

Cette opération, ainsi que celle de l'arrachage, sont longues et coûteuses. On a cherché de nos jours à la remplacer par des machines convenables. Nous allons faire connaître celle que nous avons pu découvrir.

Description d'une machine propre à nettoyer et à ouvrir la laine et à débarrasser les poils de leur jarre ; par M. WILLIAMS.

On connaît en Angleterre une sorte de laine provenant de l'Amérique méridionale, qui est très fine et d'excellente qualité, mais tellement agglomérée et salie par des impuretés de toute nature, qu'elle n'a presque aucune valeur dans le commerce. M. Williams a cherché à remédier à cet inconvénient en purgeant cette laine de ses matières hétérogènes, et c'est dans ce but qu'il a imaginé la machine dont nous allons nous occuper. Quoique plusieurs parties en soient déjà connues et aient beaucoup d'analogie avec le batteur-éplucheur du coton, construit par M. Pitret, cependant l'ensemble présente une combinaison qui n'est pas sans mérite. D'ailleurs la machine est susceptible d'être appliquée à débarrasser de leur jarre les poils employés dans la chapellerie, et surtout la laine de cachemire, qui arrive en Europe chargée de bouchons et d'autres matières qu'on ne peut en séparer qu'avec beaucoup de difficulté.

La *fig.* 1re, *pl.* 377, est une élévation latérale de la machine, vue du côté droit.

La *fig.* II, le plan ou la vue à vol d'oiseau.

La *fig.* 3, coupe longitudinale, prise par le milieu de la machine. Les mêmes lettres indiquent les mêmes objets dans toutes les figures.

La machine est montée sur un bâtis en bois, A A; à son extrémité postérieure est disposée une toile sans fin horizontale *a*, tendue sur deux rouleaux qui la font tourner : c'est sur cette toile que l'ouvrier étale avec soin et bien également la laine ou les matières destinées à être soumises à l'action de la machine ; B C, sont deux cylindres alimentaires, entre lesquels passe la nappe de laine étendue sur la toile *a* ; ces cylindres, qui sont pressés l'un sur l'autre par l'effet d'un levier en forme de romaine *u*, tiré par un poids *z*, reçoivent leur mouvement par un engrenage *v*, composé d'un pignon et de deux roues dentées : ce même engrenage fait tourner la toile sans fin ; *d* est un tambour garni à sa circonférence de douves *e*, *e*, *e*, sur lesquelles sont fixées, dans une position oblique, des dents en fer *f*, dont la forme est représentée sur une plus grande échelle *fig.* 5 ; *g* est une archure qui recouvre la partie supérieure, afin d'empêcher que la laine ne soit jetée au dehors par l'effet de la force centrifuge.

Le mouvement est transmis au tambour par une poulie *h*, montée sur son axe et enveloppée par une courroie communiquant avec une machine à vapeur ou tout autre moteur. Le même axe porte une autre poulie *i*, qui, par l'intermédiaire d'un ruban croisé *j*, fait tourner une poulie *k*, montée sur l'axe du cylindre alimentaire C. Dans cette première opération, la laine, en sortant de la toile sans fin, passe entre les cylindres B C ; là, elle *est* saisie par les dents du tambour, qui en détachent le jarre et les impuretés, lesquels tombent sur la planche inclinée *m*, après avoir traversé la grille *l*. La nappe de laine est ensuite entraînée sur la toile sans fin *n*, qui la fait passer entre les cylindres *o p* ; au-dessus de cette toile est une grille *x*, qui donne passage à la poussière produite par la rotation du tambour. Celui-ci fait tourner les cylindres *o p*, au moyen d'une courroie croisée *q*, passant de la poulie *r* sur celle *s*, fixé sur l'axe du cylindre p. Le mouvement est transmis à la toile sans fin *n* par un engrenage *t*, composé, commé le précédent, d'un pignon et de deux roues dentées. Un levier en forme de romaine *y*, auquel est suspendu un poids *a*, presse les cylindres l'un sur l'autre.

La laine, après avoir passé entre ces cylindres, subit l'action des peignes rotatifs *b*, montés dans une position oblique sur des douves assujetties à des croisillons *c*, d'un tambour plus petit que le précédent. Ces peignes, dessinés sur une plus grande échelle, *fig.* 4, tournent par l'effet d'une grande poulie *f*, enveloppée d'une courroie *e*, qui embrasse une poulie *d*, fixée sur l'axe des peignes. Comme ils ont une très grande vitesse, les impuretés qui auraient pu échapper aux dents du tambour *d*, sont définitivement détachées et lancées tant contre l'archure *g* qui recouvre les peignes, que contre une planche en fer courbe *h'*; elles s'échappent ensuite par l'ouverture *i'*.

Après cette opération, les brins de laine, parfaitement nettoyés et ouverts, descendent, sous forme de nappe, sur la planche inclinée *k'*.

M. Malartre s'est aussi occupé avec succès de ce point important; nous allons transcrire le rapport qu'a fait à ce sujet M. Cadet Gassciourt, à la Société d'encouragement pour l'industrie nationale.

Rapport fait par M. Cadet de Gassicourt au nom du comité des arts chimiques, sur un procédé pour éjarrer les peaux de lièvres, inventé par M. MALARTRE, chapelier, rue du Temple, n° 60, à Paris.

Messieurs, pour vous mettre à portée d'apprécier les avantages du nouveau procédé de chapellerie inventé par M. Malartre, il est nécessaire que nous entrions dans quelques détails sur la fabrication des chapeaux.

Le poil des animaux employé par les chapeliers est composé de deux espèces très distinctes, l'une soyeuse, flexible, quelquefois cotonneuse, dont les parties ont naturellement beaucoup d'adhérence entre elles, et dont la principale fonction parait être de conserver la chaleur de l'animal; on la nomme duvet : l'autre, plus raide, plus élastique, et n'ayant point d'adhérence entre ses parties, semble destinée à garantir le duvet du frottement des corps extérieurs; on l'appelle jarre.

L'expérience a prouvé que parmi les substances propres à être feutrées, celles qui ont cette qualité au plus haut degré sont les plus déliées et les plus homogènes, et que la présence du jarre dans le feutre lui ôte sa souplesse et sa force en le rendant dur et cassant. Un préjugé a pu faire croire, pendant quelque temps, à des chapeliers inexpérimentés que le jarre donnait de la solidité aux chapeaux ; les hommes habiles n'ont point partagé cette erreur, et ils ont cherché, par toutes sortes de moyens, à séparer le jarre du duvet; mais ils n'y sont parvenus qu'imparfaitement.

Nous ne décrirons pas la manière très connue par laquelle les chapeliers ont coutume d'arracher le jarre, opération qui s'appelle ébarber. Cette opération est si inexacte, qu'ils ont besoin, quand le chapeau est terminé, d'arracher avec des pinces les poils de jarre saillans à sa surface, et de dissimuler ainsi sa présence, au risque d'écorcher et de dégarnir le chapeau.

On n'avait pas encore observé qu'il y avait sur les peaux de lièvres deux espèces de jarres; l'un que l'animal apporte en naissant et qui devient très long : il est ordinairement de deux couleurs ; l'autre, presque aussi court que le duvet, est destiné, sans doute, à remplacer le long quand l'animal est dans sa mue. Or, par le procédé employé jusqu'ici, on enlève une grande partie du jarre long, mais le court reste dans le duvet.

M. Malartre s'est proposé le problème suivant : trouver un procédé pour enlever le jarre dans tous les poils employés dans la fabrication des chapeaux, procédé tout à la fois simple, facile, prompt et économique, qui extrait le jarre jusqu'à sa racine, jusqu'à son dernier brin, et laisse le duvet dans l'état de pure nature, sans la moindre altération.

Nous croyons, messieurs, que M. Malartre a complètement résolu le problème, en ne jugeant que les produits qu'il obtient ; car les substances et les manipulations qu'il emploie étant et devant rester secrètes, nous ne pouvons prononcer sur l'économie du procédé.

M. Malartre a bien voulu, sur notre demande, nous fournir des peaux de lièvres de Russie et de France sécrétées et éjarrées par l'ancienne et la nouvelle méthode : il a mis sous nos yeux du duvet purifié par lui et du duvet non purifié. Nous avons examiné à la loupe ces différens produits ; nous avons comparé des feutres qu'il a composés de pur duvet avec les feutres les plus fins du commerce, et nous avons reconnu une supériorité incontestable dans les feutres de M. Malartre. D'habiles chapeliers, auxquels nous avons présenté ces produits, ont été de l'avis de votre comité.

Quels sont maintenant, messieurs, les avantages du nouveau procédé ? Ici nous laisserons parler M. Malartre lui-même, parcequ'il ne s'éloigne pas de la vérité, et que nous ne pourrions nous expliquer plus clairement que lui.

« Si l'on compare, dit-il, les chapeaux ou le jarre avec les chapeaux faits avec le moyen du seul duvet, l'expérience et le raisonnement prouvent également que ces derniers sont d'un feutre plus égal et plus adhérent, puisqu'ils sont composés d'une matière plus déliée et plus homogène ; qu'ils sont plus solides, plus souples et d'un meilleur usage, qu'ils flattent davantage l'œil par leur aspect soyeux, ondulé, brillant, et la main par le moelleux de leur substance ; enfin, qu'ils sont susceptibles de prendre de plus belles couleurs, puisque la teinture se fixe mieux sur une matière fine et divisée.

» Des matières communes réputées jusqu'ici mauvaises et peu propres à la chapellerie, donnent, en ôtant le jarre, des chapeaux d'une beauté et d'une solidité égales à celles des chapeaux les plus fins que l'on fabrique actuellement ; et, lorsqu'on emploie des matières de choix, les chapeaux de pur duvet peuvent rivaliser avec les chapeaux de castor. Ceux-ci ne sont que dorés à la surface extérieure : le corps du chapeau est composé de matières étrangères au castor. Le castor lui-même n'est point privé de jarre, et si l'on ajoute que les chapeaux de castor perdent leur couleur et rougissent en très peu de temps, tandis que la couleur est fixe sur les chapeaux de duvet, peut-être trouvera-t-on que ces derniers, sans être inférieurs aux chapeaux de castor dans aucune de leurs parties, ont au contraire quelques parties dans lesquelles ils leur sont supérieurs. »

Nous ne ferons sur cet exposé qu'une seule observation : on prétend que les chapeaux de castor et autres, qui rougissaient quand on les teignait en noir par le sulfate de fer, ne rougissent point quand on les teint par le pyrolignite, ou, comme en Angleterre, par le nitrate de fer.

Il résulte encore d'autres avantages du procédé de M. Malartre. En employant le pur duvet, deux ouvriers font, dans l'opération de la foule, l'ouvrage de trois. Dans l'appropriage, composé de trois opérations, du dressage et de deux passages, le premier des passages est inutile ; car il n'a pour but ordinairement que de coucher le duvet et de faire redresser le jarre, afin de pouvoir le saisir avec des pinces. Or ici point de jarre. Dans l'arçonnage, il y a moins de poussière avec le pur duvet, moins de poils qui voltigent, et qui, respirés par l'ouvrier, nuisent à sa santé. Ainsi, la découverte de M. Malartre améliore et simplifie les autres procédés de la chapellerie.

Nous sommes entrés dans tous ces détails, messieurs, parceque nous regardons ce perfectionnement comme très important. Il fait faire un très grand pas à l'art de la chapellerie, et si le procédé de M. Malartre pouvait devenir le secret des fabriques de France, cette branche de commerce rendrait bientôt les étrangers tributaires; car nous ferions exclusivement les chapeaux les plus beaux, les plus solides et les plus légers, avec les poils fournis par les animaux de notre sol, et même par ceux dont les peaux étaient dédaignées, comme contenant plus de jarre que de duvet, ou un jarre trop court pour pouvoir être séparé.

Votre comité des arts chimiques me charge, messieurs, de vous demander, pour M. Malartre, une médaille dont il nous paraît que la matière ne peut être déterminée que dans six mois, parceque, si les espérances que M. Malartre fait concevoir se réalisent, la société jugera sans doute que la médaille d'or doit être la juste récompense de cette invention.

En attendant, nous avons l'honneur de vous demander l'annonce de ce procédé dans le bulletin de la Société, avec les éloges que M. Malartre a mérités (1). — Adopté en séance, le 11 mars 1818.

Moyens propres à extraire le jarre du duvet des peaux destinées à la fabrication des chapeaux, par M. MALARTRE, chapelier. (Brevet d'invention de 15 ans.)

Il a été accordé à ce procédé, qui date du 30 mars 1818, un brevet de quinze ans, déchu par ordonnance du 4 mai 1823. Voici en quoi il consiste :

---

(1) Les chapeaux sans jarre, de M. Malartre, se vendent au même prix que les chapeaux ordinaires, en lièvre et en lapin.

On commence par imprégner les peaux d'une eau de chaux légère, qui ne puisse pénétrer dans la peau, c'est-à-dire dont l'effet ne puisse se faire sentir au-delà de la racine du duvet. Cette opération se fait en passant une brosse trempée dans l'eau de chaux, sur les deux côtés de la peau jusqu'à ce qu'elle soit entièrement amollie. En cet état, le jarre n'a que peu d'adhérence avec les peaux, et on l'en arrache aisément en le pinçant entre le pouce et une espèce de couteau peu tranchant. Le jarre qui reste après cette opération est coupé avec des ciseaux. On arrache alors le duvet des peaux, qui vient très facilement sans entraîner le jarre qui pourrait rester et qui a résisté à l'arrachage, parceque ses racines, étant plus profondes que celles du duvet, n'ont pas été atteintes par la liqueur dont l'action s'est bornée à la surface de la peau.

Il est bon de faire observer qu'il faut laisser sécher les peaux que l'on a imprégnées d'eau de chaux, et qu'on doit les battre ensuite avec une petite baguette avant d'en arracher le jarre.

Le procédé de M. Malartre ne se trouvant point décrit dans le bulletin de la Société d'encouragement, nous avons appris que l'auteur avait pris pour cela un brevet d'invention. En conséquence nous nous sommes procurés la copie de son brevet, et nous venons de le publier tel que l'auteur l'a déposé au ministère de l'intérieur.

Classement des peaux.

Aussitôt que les peaux ont été ébarbées ou éjarrées, le fabricant en fait plusieurs triages pour les assortir suivant leur beauté et leur qualité.

1° Dans chaque espèce de peau et dans chaque sorte, l'on commence par mettre de côté les peaux qui doivent être coupées de suite, et qu'on nomme *en veule*, en les séparant ainsi des autres qui doivent être soumises au sécrétage ;

2° Les peaux des lapins de clapier sont également séparées de celles des lapins de garenne ;

3° On fait des paquets séparés des premières de ces peaux d'après leurs couleurs ;

4° Les peaux des castors gras sont aussi séparées de celles du castor sec ;

5° Enfin , s'il en est qui ne soient pas bien éjarrées ou ébarbées, on les renvoie à l'ouvrière. Après ces préliminaires on procède à l'opération suivante.

Sécrétage.

Le sécrétage est une opération qu'on fait subir aux poils pour augmenter leur propriété feutrante. Dès le principe on employait en France à cet effet, mais avec un faible succès, une décoction de racine de guimauve et de symphitum ou grande consoude. Ce fut vers 1730 qu'un ouvrier chapelier, nommé Mathieu, porta d'Angleterre le procédé du sécrétage des peaux au moyen du nitrate de mercure. La préparation si importante de ce sel paraît n'être pas la même dans toutes les fabriques ; elle varie par les proportions des constituans ; ainsi M. Morel indique :

acide nitrique (eau forte) . . . 1 livre.

mercure. . . . . de 3 à 4 onces.

On fait dissoudre à une douce chaleur, et l'on ajoute :

eau de pluie ou de rivière . . . . de cinq à six fois son volume, c'est-à-dire de cinq à six livres. M. Robiquet dit que la liqueur mercurielle généralement adoptée se compose de :

acide nitrique . . . 500 grammes (1 livre.)

mercure. . . . . . . 32 (1 once.)

eau . . . de moitié à deux tiers suivant la concentration de l'acide.

6.

M. Guichardière assure qu'il a obtenu de meilleurs résultats de la combinaison de l'ancien procédé avec le nouveau. En conséquence il conseille les proportions et le mode suivant :

    acide nitrique à 34. . . . . 1 livre.

    mercure pur . . . . 6 onces.

Après la dissolution il ajoute :

    décoction de guimauve et de grande

      consoude. . . . . 16 parties.

Voici maintenant la manière de faire cette opération :

On étend soigneusement sur une table ou un chevalet les peaux déjà ébarbées ou éjarrées ; on trempe alors une brosse de sanglier dans la dissolution mercurielle et on la promène avec force sur toute la surface du poil, tant dans sa direction naturelle qu'à rebrousse-poil ; on immerge de nouveau la brosse dans la liqueur, on la passe sur le poil, et l'on continue jusqu'à ce que celle-ci soit mouillée dans environ les deux tiers de sa longueur ; si le poil est un peu rude, on imbibe le poil encore plus profondément. Il est bon de faire observer que, chaque fois qu'on plonge le poil de la brosse dans la liqueur, on doit, après l'avoir sortie, lui imprimer une secousse afin qu'elle ne soit pas trop chargée de liquide. L'ouvrier doit être placé dans un endroit aéré, afin de se préserver des exhalaisons mercurielles (1). Enfin, pour rendre le mouillage ou le sécrétage plus égal, on réunit les peaux de deux en deux et poil contre poil ; on les porte ensuite à l'étuve qui doit être assez fortement chauffée pour que la dessication soit prompte. La température de l'étuve devra être d'autant plus élevée que la dissolution du nitrate de mercure aura été plus étendue d'eau. Il est d'autant plus nécessaire que la dessication s'opère promptement que c'est la concentra-

---

(1) Les ouvriers fabricans de chapeaux éprouvent souvent des accidens très graves, dus à ce sel mercuriel.

tion du sel qui doit produire l'effet désiré ; car, si cette dessication est lente et successive, l'expérience a démontré qu'alors la contraction du poil ne parvient point au degré nécessaire.

La solution de nitrate acide de mercure exerce une action chimique très forte sur les poils qui contractent une couleur jaune dorée plus ou moins intense, suivant les parties de la peau. Vainement a-t-on cherché à connaître le mode d'action que l'acide nitrique et le sel mercuriel exercent sur le poil ; nous n'avons encore, sur ce point, que des hypothèses ; le problème reste encore à résoudre. Cette solution serait cependant d'autant plus importante pour cet art, qu'elle conduirait les expérimentateurs à lui substituer quelque autre sel ou quelque autre substance inoffensive, ou moins dangereuse que le nitrate acide de mercure. L'art du chapelier repose en grande partie sur l'opération du feutrage ; aussi plusieurs fabricans ont-ils tenté plusieurs essais pour en exclure le sel mercuriel. En 1817, M. Guichardière présenta à la Société d'encouragement, des chapeaux d'ours marin, de loutre indigène et de raton du Mexique, sécrétés sans mercure, ainsi qu'un chapeau sans sécrétage, foulé par l'acide sulfurique. Nous n'avons pas connaissance qu'il ait donné suite à ces essais.

M. Morel a tenté quelques essais infructueux avec les acides affaiblis, et les alcalis. Tous les procédés auxquels il donna quelqu'un de ces agens pour base, furent nuls ou fâcheux ; les uns en détruisant la substance même des poils, les autres en l'attaquant de manière à altérer sensiblement leur solidité. L'auteur croit cependant avoir découvert un mode de sécrétage très avantageux pour les peaux de lapin ; il se borne à les exposer suspendues aux solives d'une étable, et à les y laisser plusieurs semaines. Le poil était devenu alors plus gras, et se feutrait aussi facilement que s'il eût été sécrété par le nitrate de mercure.

Il n'en était pas de même du poil de lièvre. M. Morel pense qu'il eût dû y rester plus long-temps exposé que celui de lapin. Mais ses expériences, sur ce dernier point, n'offrent rien de positif.

La Société d'encouragement pour l'industrie nationale, convaincue des effets nuisibles du nitrate du mercure sur la santé des ouvriers, proposa, en 1815, un prix relatif au sécrétage sans préparation mercurielle. Ce prix n'ayant point été décerné en 1816, il fut remis au concours en 1817. MM. Malard et Desfossés entrèrent en lice, et la Société arrêta que le concours serait fermé, et que le prix serait adjugé à ces deux auteurs, dans le cas où de nouvelles expériences, faites plus en grand et continuées pendant un temps suffisant, confirmeraient non seulement les résultats obtenus, mais donneraient encore une garantie absolue de la bonté du procédé. Il paraît que ce procédé, quoique très bon, ne répondit pas tout-à-fait aux espérances qu'il avait fait concevoir, puisque la Société, en retirant ce prix, se borna à décerner une médaille d'encouragement de 200 francs à MM. Malard et Desfossés. Nous faisons connaître le rapport qui fut fait à ce sujet à cette Société par M. Bréant.

Comme nous n'avons trouvé nulle part le procédé de sécrétage de MM. Malard et Desfossés, nous avons lieu de croire que c'est celui pour lequel ils avaient déjà pris un brevet d'invention. Nous allons le transcrire ici.

Nouveau procédé de sécrétage pour le feutrage des poils destinés à la fabrication des chapeaux, par MM. MALARD et DESFOSSÉS. (Brevet d'invention de 1817.)

Composition de la liqueur.

Ajoutez à deux cent cinquante grammes de soude brute

dite d'Alicante, qu'on appelle *barille* mélangée, en usage dans les savonneries et dans les ateliers de teinture en coton, cent vingt-cinq grammes de chaux vive, que vous éteignez en la plongeant dans l'eau avant d'opérer le mélange, et que vous filtrez après avoir mis assez d'eau pour que la liqueur filtrée marque dix degrés à l'aréomètre d'Assier-Périca : la liqueur qu'on obtient donne dix-neuf à vingt degrés à l'alcalimètre de M. Descroizilles.

Imprégnez de cette liqueur les poils de peaux à sécréter, à l'aide d'une brosse de soie de porc, comme cela se pratique ordinairement pour les dissolutions de sels mercuriels.

Ce mode de sécrétage convient également pour les chapeaux jockey et pour les chapeaux grande taille.

Les chapeaux ainsi sécrétés sont mis à l'étuve.

Le chapeau jockey est composé de quatre onces de poils, dont trois parties de poils sécrétés et une partie de poils veules. Le poil, soit sécrété, soit veule, est formé de six parties de poil de lièvre pour une partie de poil de lapin.

Le chapeau grande taille est fait avec neuf onces de même mélange ; le poil veule s'y trouve dans les mêmes proportions.

Voici maintenant le rapport qui a été fait à la Société d'encouragement sur ce procédé.

Rapport fait par M. Bréant sur les travaux relatifs au sécrétage des poils sans emploi de sels mercuriels, par MM. MALARD et DESFOSSÉS.

Messieurs, l'année dernière, d'après le rapport de votre comité des arts chimiques, sur le prix relatif au sécrétage sans préparation mercurielle, vous arrêtâtes que le concours serait fermé, et que le prix serait adjugé à

MM. Malard et Desfossés, dans le cas où de nouvelles expériences, faites plus en grand et continuées pendant un temps suffisant, confirmeraient les résultats obtenus, et donneraient une garantie absolue de la bonté du procédé.

En conséquence de cette détermination, votre comité fit préparer, au printemps dernier, par MM. Desfossés et Malard, la liqueur qu'ils ont substituée au nitrate de mercure, et il fit sécréter une quantité de peaux suffisante pour les expériences.

Les poils coupés furent ensuite distribués à divers chapeliers, en laissant à chacun la faculté de faire les mélanges comme il le jugerait convenable.

Les premières expériences nous donnèrent des résultats opposés; les chapeaux préparés par un des fabricans à qui nous nous étions adressés, furent trouvés par lui de médiocre qualité, tandis que ceux préparés par un autre furent estimés d'une qualité suffisamment bonne. Surpris de cette différence, surpris aussi que les meilleurs de ces chapeaux fussent inférieurs à ceux préparés sous les yeux de vos commissaires, dans l'atelier de M. Malard, votre comité a dû penser que le succès tenait à quelques circonstances particulières, soit dans l'opération du sécrétage, soit dans la fabrication des chapeaux. Il résolut, en conséquence, de faire répéter l'opération, en la confiant de préférence au chapelier qui avait le mieux réussi; et comme il y avait lieu de croire que le sécrétage n'avait pas été fait, d'autant que les peaux, placées dans une très petite étuve, avaient dû éprouver une trop forte chaleur, le comité fit recommencer l'expérience avec un soin particulier, et il a eu à s'applaudir de cette précaution, que l'impartialité lui prescrivait, puisqu'il en est résulté des feutres aussi bons que ceux sécrétés au mercure, et que ces feutres, foulés dans la lie de vin, comme les chapeaux ordinaires, n'ont pas exigé plus de temps.

Placé entre deux rapports contradictoires, ne pouvant élever de doute contre l'exactitude d'aucun des deux, votre comité a dû rechercher la cause de ces différences, et il l'a trouvée, non dans la bonne volonté plus ou moins grande de ceux qui ont concouru aux expériences, mais dans la différence des matériaux qu'ils ont employés, et dans leurs méthodes particulières.

Les objections faites contre le nouveau sécrétage, portent sur les points suivans :

1° Les poils sont humides, et cependant, à l'arçonnage, ils produisent de la poussière.

2° Le bâtissage se fait plus lestement.

3° A la foule ils rentrent moins vite, et au point qu'il a fallu six heures pour un grand chapeau.

4° Les poils ne sont pas assez adhérens, puisqu'on les enlève avec une brosse.

5° Enfin, ils ne prennent pas un beau noir.

A cela, votre comité répond que la poussière a dû résulter du défaut de précaution apporté dans la première opération du sécrétage. Cet inconvénient ne fut pas observé l'année dernière, et avec une très légère modification dans le procédé on y remédierait aisément.

Il ne peut non plus attribuer la lenteur du bâtissage, observé par un des fabricans qui ont travaillé aux expériences, qu'à la même cause qui a produit de la poussière; car l'année dernière cette opération se fit très bien, et s'est également bien faite dans les derniers essais qui ont eu lieu.

La première opération du sécrétage n'ayant pas été bien conduite, il n'est pas étonnant que les résultats obtenus à la foule n'aient pas été aussi satisfaisans que ceux de l'année précédente. Ils ont été les mêmes aussitôt qu'on a employé le procédé avec plus de soin.

Quant à l'effet de ces chapeaux à la teinture, il n'est pas étonnant qu'ils n'aient pas pris un aussi beau noir.

Le sécrétage influe nécessairement sur le mordant, et le bain doit être modifié en raison des substances employées pour le sécrétage ; mais rien n'est plus facile que de préparer un bain de teinture, dans lequel ils prendront un noir aussi parfait que celui qu'on obtient avec les poils sécrétés au mercure.

Après avoir comparé attentivement les résultats contradictoires des expériences qu'il a fait répéter plusieurs fois, votre comité est demeuré convaincu :

1° Que par le procédé de MM. Desfossés et Malard, on parvient à sécréter les poils au point de les rendre propres à faire d'excellens feutres ; mais que ce procédé ne communique pas aux poils toute l'énergie feutrante que leur donne le nitrate de mercure.

2° Que le succès de ce procédé tient à des circonstances tellement délicates, qu'il est difficile de pouvoir en répondre constamment.

Ainsi, on ne peut nier que l'emploi du nitrate de mercure n'ait un avantage marqué, puisqu'il ne manque jamais de remplir son effet.

D'après cet exposé, messieurs, votre comité doit déclarer que les conditions du programme ne lui paraissent pas remplies, et que le prix n'est pas gagné ; mais il serait injuste s'il ne reconnaissait pas que ceux qui ont autant approché du but méritent un encouragement des plus honorables.

En le leur accordant, vous les déterminerez à faire de nouveaux efforts pour ajouter à leur procédé ce qui lui manque pour réussir constamment dans les mains de tous les fabricans. Eux seuls peuvent y parvenir, parcequ'ils sont les inventeurs, qu'ils ont intérêt à perfectionner leur découverte, et que la réunion de leurs connaissances et de leurs talens leur offre tous les moyens de succès.

Votre comité vous propose, en conséquence, de décerner, à titre d'encouragement, une médaille d'or au procédé de sécrétage présenté par MM. Desfossés et Malard.

Des informations prises auprès de plusieurs fabricans ont fait connaître que le tremblement mercuriel est maintenant rare parmi les ouvriers chapeliers, sans doute parceque l'on emploie aujourd'hui une moindre quantité de mercure; mais si les ouvriers chapeliers ne sont plus autant exposés à cette maladie, elle attaque ceux qui sécrètent les peaux, et quoique le nombre de ces préparateurs de poil soit très peu considérable, il ne faut pas négliger les moyens de les préserver d'une cruelle maladie.

Votre comité ne pense pas toutefois qu'on doive remettre au concours le problème du sécrétage; il se charge d'en chercher la solution dans le cas où, contre son espérance, MM. Desfossés et Malard renonceraient à faire de nouvelles tentatives. Les conclusions de ce rapport ont été adoptées : en conséquence M. le président a remis à MM. Malard et Desfossés une médaille d'encouragement de la valeur de 200 fr.

Tonte ou coupe de poils.

L'ouvrière commence par couper toutes les inégalités et cornes des peaux, ainsi que la queue et les pattes, c'est ce qu'on appelle *border la peau*; les parties retranchées sont nommées *chiquettes* : elles sont mises à part. On prend alors les peaux, on les humecte du côté de la chair avec une éponge imbibée d'eau ou, bien mieux, trempée dans de l'eau de chaux affaiblie, et l'on accole les peaux de deux en deux du côté mouillé (1), par cinquantaines; on les charge de planches surchargées d'une grosse pierre, et on les laisse en cet état de douze à vingt-quatre heures, afin que le cuir soit plus souple, et que le poil puisse en être

_____

(1) L'on doit avoir grand soin que le poil ne soit nullement mouillé.

extrait plus aisément. Pour cela on recourt à deux moyens ;
on l'arrache ou bien on le coupe. M. Guichardière donne
la préférence au premier moyen, pour la fabrication des
chapeaux velus. Il assure que si le feutrage des poils arrachés est plus difficile, en revanche le feutre qui en provient est plus solide, et ne dépérit point sous la main de
l'ouvrier. D'ailleurs, ajoute-t-il, par cette méthode on
a l'avantage de tirer parti du poil commun du ventre du
lièvre, qui n'a dans les circonstances ordinaires que fort
peu de valeur. La plupart des fabricans ne partagent pas
l'opinion de M. Guichardière; ils donnent la préférence à
la coupe des poils, d'après la conviction qu'ils ont acquise
par l'expérience que le bulbe de ces poils était très nuisible
au feutrage.

Dans toutes les fabriques, on procède au *coupage*, pour
les poils de lapin, de castor, et à *l'arrachage* ou tirage
pour ceux de lièvre. Voici la manière de faire ces deux
opérations.

Coupage de poils de (1) lapins.

On commence par débrouiller légèrement le poil au
moyen d'une carde, c'est ce qu'on nomme *décatir;* après cela,
les *découpeuses* étendent et fixent la peau en travers sur une
table ou une planche bien unie, le poil en dehors et cou-
ché de droite à gauche. Alors, elles prennent de la main
gauche une plaque de fer-blanc qui a sept à huit pouces de
longueur sur quatre ou cinq de largeur, et dont un des
grands côtés est replié et arrondi pour préserver la main
des coupures; avec cette main ainsi armée elles décou-
vrent dans toute la largeur de la peau, le pied d'une rangée égale de poils. Alors, elles prennent de la main droite
une sorte de couteau aigu et très tranchant, qui est em-

---

(1) Nous empruntons en partie cette description à
M. Morel.

manché verticalement et entouré de peau ou de toile dans une partie de sa longueur. Avec ce couteau, la découpeuse tranche les poils dans toute cette longueur par deux mouvemens : *le premier* qui pousse le couteau vers le bord de la peau opposé à l'ouvrière; *le second* qui le ramène au bord d'où il est parti. Ce dernier mouvement est aussitôt suivi de celui de la main gauche, qui ramène la plaque sur les poils coupés pour les faire passer derrière et découvrir une nouvelle rangée de poils, qui sont tranchés comme les premiers et ramassés par la plaque on continue ainsi depuis le derrière des oreilles jusqu'à l'extrémité de la culée. Nous devons ajouter qu'à chacun de ces deux mouvemens principaux qui poussent et ramènent le couteau, se joint un petit mouvement d'oscillation du poignet qui, en empêchant le couteau de demeurer dans la même trace, en règle la marche vers la culée, par une suite d'angles très aigus (1). Nous allons continuer à laisser parler M. Morel. La perfection de la coupe consiste à donner le coup de tranchant *dru-et-menu*, pour rendre le cuir très net, ne point *hacher* le poil, et l'obtenir dans toute sa longueur. Le couteau de la coupeuse étant parvenu à l'extrémité postérieure de la peau, la découpeuse met de côté le cuir, après l'avoir nettoyé en le frottant avec la main humectée; elle déroule ensuite le poil qui, d'abord ramassé par la plaque, s'est ensuite roulé sur lui-même de manière à former une petite toison, qui a reçu le nom de *parure*. Cette toison est alors étendue sur une table, et l'ouvrière sépare 1° les différentes qualités de poils, ainsi elle met à part le poil du ventre nommé *poil commun*; 2° celui des flancs, et de la gorge ou *poil moyen*; 3° celui du milieu du dos, dans la largeur de trois à quatre doigts : celui-ci, qui est le plus fin, porte le nom de l'*arête*.

---

(1) La découpeuse doit avoir soin d'aiguiser le couteau, dès qu'elle s'aperçoit que le tranchant commence à s'émousser.

Coupage des poils de castor.

Le procédé est, à peu de chose près, le même que le précédent, avec cette différence que la peau du castor est trop large pour que la découpeuse puisse couper le poil dans toute la largeur de cette même peau. C'est à cause de cela qu'il se coupe en plusieurs bandes, qui ont environ la largeur de la plaque. On sépare trois qualités de poils de la toison du castor : 1° l'*arête* ou le *noir*; 2° l'*entre-deux* ou le poil des flancs et de la gorge; 3° le *blanc* ou le poil de la tête et du ventre.

Quant au lièvre, dit l'auteur précité, on n'enlève de cette manière que l'arête des peaux non sécrétées, destinées à faire ce qu'on nomme de la *plume* ou *dorure*.

Arrachage ou tirage du poil du lièvre.

Dans cette opération, les découpeuses pincent le duvet entre le pouce et la lame d'un couteau dit tranchet, et le tirant vers elles, le duvet est emporté, et presque tout le jarre reste sur la peau. Cet arrachage complète l'éjarrage. La toison du lièvre offre quatre qualités de poils qu'on sépare et met de côté; ces poils sont :

1° l'arête,	3° le roux,
2° les à-côtés,	4° le commun.

Quand le coupage des poils est terminé, on procède à celui des *chiquettes*, que l'ouvrière divise et classe par qualités suivant la partie de la peau à laquelle elles appartiennent.

Les peaux dépouillées de leurs poils sont vendues pour les fabrications d'une qualité de colle très employée dans les arts (1).

Le coupage des poils à la main était une opération très

_____

(1) Quant aux laines, il convient aux fabricans de les acheter en lavé; ou dans le cas contraire, d'en séparer à

longue et très couteuse; aussi a-t-elle fixé l'attention de la société d'encouragement pour l'industrie nationale qui en a fait un de ses sujets de prix, qui a été remporté en 1829, par M. Coffin.

Nous allons faire connaître la machine qu'il a inventée à ce sujet, ainsi que le rapport qui en a été fait à cette société par M. Molard.

Description d'une machine propre à couper le poil des peaux employées dans la chapellerie, inventée par M. COFFIN, ingénieur mécanicien à Boston, aux États-Unis d'Amérique.

Cette machine, qui a obtenu le prix de 1,000 fr., proposé par les sociétés d'encouragement pour l'industrie nationale, est composée d'un bâtis en bois ou en fer, A A' A", fig. 6, portant sur sa traverse supérieure A' un arbre horizontal en fer 1, entouré de lames tranchantes hélicoïdes en acier J, lesquelles tournent rapidement contre un couteau vertical fixe K, aussi en acier et bien tranchant. Les lames hélicoïdes sont disposées de manière à présenter au couteau une face oblique qui favorise l'effet de leur tranchant.

La peau, engagée entre deux tiges cylindriques en fer qR, établies en avant du couteau k, est amenée successivement contre le tranchant des lames hélicoïdes par la rotation de ces tiges, opérée au moyen d'un engrenage n' o p, fig. 9, qui communique avec une poulie motrice L, tournant sur l'arbre I', en dehors du bâtis. Les tiges cylindriques ont un mouvement indépendant l'une de l'autre, afin

la main toutes les parties défectueuses et toutes les ordures, avant de procéder au lavage.

de pouvoir employer diverses épaisseurs de peaux sans occasioner le dégrenage des roues dentées.

Le mouvement de l'arbre à lames hélicoïdes est produit de chaque côté de la machine par une poulie G, enveloppée d'une courroie H, passant sur la périphérie d'une grande roue en fonte E, laquelle reçoit son impulsion d'un axe coudé D, que l'ouvrier fait agir au moyen d'une pédale B. I l appuie en même temps sur un châssis à bascule S, qui serre l'une contre l'autre les tiges cylindriques Q, R, entre lesquelles la peau est engagée, le poil en dessous. L'ouvrier guide cette peau avec la main, afin qu'elle reste bien tendue et se présente carrément aux lames hélicoïdes. Ces lames, en rasant contre et derrière le couteau k, divisent la peau en fines rognures, tandis que le poil est coupé par le bord tranchant et bien aiguisé du couteau. Par cette manœuvre, le poil tombe successivement sous forme de nappe dans une auge en fer-blanc U, placée au-dessous des cylindres alimentaires, pendant que les rognures des peaux tombent dans un coffre en bois V, au-dessous de l'arbre à lames hélicoïdes.

Un couvercle Z, qu'on abat pendant le travail, empêche que les rognures de peau détachées soient lancées au dehors par la force centrifuge des lames.

Cette machine, conduite par un seul ouvrier, coupe la même quantité de poil que trois ouvriers par le procédé ordinaire.

Explication des figures.

Fig. 6. Élévation latérale de la machine à couper le poil, montée de toutes ses pièces.

Fig. 7. Plan de la même, montrant la disposition des lames hélicoïdes.

Fig. 8. Coupe de la machine sur la ligne A B du plan.

Fig. 9. Engrenages des cylindres alimentaires vus de face.

Fig. 10. Coupe des poulies motrices de l'arbre à lames hélicoïdes et des cylindres alimentaires.

Fig. 11. Coupe et plan du couteau fixe.

Fig. 12. Arbres à manivelles, vu séparément et en coupe.

Les mêmes lettres indiquent les mêmes objets dans toutes les figures.

A. A. Bâti en bois portant le mécanisme de la machine; on peut le construire aussi en fer.

A' A" Traverses supérieure et inférieure du bâti.

B. Pédale que l'ouvrier placé devant la machine fait agir avec le pied.

C. C. Petites bielles attachées à la pédale et accrochées, par leur extrémité supérieure, aux coudes d'un arbre horizontal *D*. Qui tourne sur des coussinets fixés sur la traverse A' du bâti.

E. E. Grandes roues en fonte montées sur l'arbre *D*.

F. Petites poulies fixées sur le même arbre.

G. G. Poulies bombées en bois, enfilées sur la partie carrée de l'arbre 1, et qui lui transmettent le mouvement qu'elles reçoivent des grandes roues E. E. par l'intermédiaire des courroies H. H. dont elles sont enveloppées.

J. Arbre portant les lames tranchantes hélicoïdes J.

K. Couteau fixe, dont la lame est bien affilée, et qui est placé en avant et au niveau des lames hélicoïdes.

L. L'. Poulies à gorge, tournant librement sur l'arbre *I*.

M. M. Cordes croisées passant sur les poulies F et L, et transmettant à cette dernière le mouvement qu'elles reçoivent de l'arbre coudé *D*.

N. N'. Pignons faisant corps avec la poulie *L*, dont l'un commande la roue dentée O, fixée sur le cylindre alimentaire inférieur, et l'autre mène la roue P, montée sur le cylindre supérieur.

Q. Cylindre alimentaire inférieur tournant dans des collets qui reposent sur la traverse A' du bâti.

R. Cylindre alimentaire supérieur fixé avec sa roue den-

tée P au châssis à bascule S. Ce cylindre est armé d'aspérités, pour saisir et conduire la peau à son passage par-
dessus le couteau fixe vers les lames hélicoïdes. Il y a une
rotation inverse de celle du cylindre Q.

S. Châssis à bascule portant le cylindre alimentaire supérieur, et que l'ouvrier relève dans la position indiquée
par les lignes ponctuées, *fig.* 8, lorsqu'il veut introduire la
peau, et qu'il baisse en suite en guidant la peau avec la
main, et faisant en même temps agir la pédale.

T. T'. Centre de mouvement du châssis à bascule S.

U. Auge en fer-blanc placé au-dessous des cylindres alimentaires, et dans laquelle tombe le poil coupé sous forme
de nappe.

V. Boîte en bois qui reçoit les rognures de peau détachées par les lames hélicoïdes.

X. X'. Poulies pleines en fonte, servant de volans.

Y. Ressort qui presse le couteau K contre les lames hélicoïdes.

Z. Couvercle en fer-blanc qui recouvre les lames hélicoïdes et empêche les rognures de peau lancées par la force
centrifuge de se mêler avec la nappe de poil.

Rapport sur le prix proposé pour la construc-
tion d'une machine propre à raser les poils
des peaux employées dans la chapellerie;
par M. MOLARD.

Parmi les prix proposés pour être décernés cette année,
il en est un d'un très grand intérêt, celui qui a pour objet
la construction d'une machine propre à raser les poils des
peaux employées dans la chapellerie.

Votre programme, publié à ce sujet, après avoir énu-
méré les divers inconvéniens résultant du procédé manuel employé jusqu'à ce jour, pour raser les poils des peaux,
et fait connaître la longueur du travail, ainsi que la dé-

pense qu'il occasione, annonce que, considérant que les moyens mécaniques employés dans ces derniers temps ne sont pas d'un usage général, et qu'il n'est pas à la connaissance de la société qu'ils soient même à la portée du plus grand nombre des fabricans, vous avez jugé nécessaire de promettre un prix de la valeur de mille francs, à l'auteur d'une machine simple dans sa construction, d'un service prompt et facile, peu dispendieuse, et à l'aide de laquelle on puisse raser ou tondre toutes sortes de peaux propres à la chapellerie, après que les poils en ont été sécrétés. Vous avez exigé en même temps que la machine procurât douze livres de poils par jour, et qu'elle tînt les peaux bien tendues, pour faciliter l'enlèvement des poils, à cause que la dissolution mercurielle les fait souvent se crisper.

On sait qu'une ouvrière employée à raser les peaux par le procédé ordinaire, reçoit 70 centimes, terme moyen, par chaque livre de poil, et qu'elle en coupe une livre et demie par jour; d'où il résulte que les douze livres que devrait produire la machine, suivant le programme, coûteraient 8 francs 40 centimes par le procédé usité.

Une seule machine, de grandeur naturelle, a été envoyée à ce concours.

Nous n'entrerons point ici dans tous les détails de sa composition: nous dirons seulement qu'elle est établie sur un principe à la fois simple et ingénieux. La peau est présentée à l'action de la machine, par une paire de cylindres alimentaires; le poil en dessous, où il est coupé par le bord tranchant et bien affilé d'une lame fixée de champ sur son dos, et servant de contre-couteau à deux lames hélicoïdes, montées sur un même arbre, lesquelles, en tournant, découpent la peau par lanières très étroites; et comme l'action de ces lames exerce une certaine pression successive sur la peau, en la découpant, il en résulte que le poil, soutenu immédiatement par le tranchant du contre-couteau, est coupé en même temps que la peau est di-

visée en rubans fort étroits. La fourrure tombe successivement en forme de nappe dans un récipient au-dessous des
rouleaux alimentaires, tandis que les rognures de la peau
tombent au-dessous de l'arbre à couteaux hélicoïdes, à mesure qu'elles sont détachées.

Les expériences que votre comité des arts mécaniques
a faites avec cette machine, ont prouvé que, par son
moyen, on peut séparer en une minute et demie le poil
d'une peau de lapin sécrétée, dont le produit en poil a été
d'une once et demie; ce qui prouve qu'en dix heures de
travail on obtiendra 40 livres 10 onces de poils.

Cette quantité de poils obtenue en dix heures représente environ quatre cents fortes peaux clapiers débardées,
c'est-à-dire préparées pour être soumises à l'action de la
machine.

La machine dont il s'agit peut être desservie par quatre
femmes; deux doivent suffire à la préparation des peaux,
la troisième pour les passer à la machine, et la quatrième
pour séparer les diverses qualités de poils obtenus de la
peau, et mettre les poils en paquets.

La journée de chacune d'elles peut être évaluée à 1 fr.
25 centimes. . . . . 5 fr.

Intérêt par jour, des frais d'acquisition sur 400 francs, prix de la machine. . . . . » 5 ⎱
                                        ⎰ »   7 c.
Frais d'entretien aussi par jour . » 2 ⎰

40 livres 10 onces auraient donc   »
coûté de manutention. 5   7 c.

Ce qui portait la livre de poils à environ douze centimes
et demi, tandis que les quarante livres dix onces de poils,
extraites par le procédé actuel, auraient coûté 28 francs
60 centimes de manutention, et l'emploi de vingt-cinq
ouvrières par jour.

Enfin, les peaux peuvent être passées ou non à la dissolution mercurielle, pour être rasées à la machine.

D'après ces résultats avantageux et incontestables, le comité, convaincu que la machine présentée remplit toutes les conditions voulues par le programme, a l'honneur de vous proposer de décerner le prix de 1,000 francs à M. Coffin, mécanicien à Boston, aux États-Unis d'Amérique, inventeur de la machine présentée au concours.

Avant de terminer ce rapport, nous croyons devoir, messieurs, vous proposer d'adresser des remerciemens à M. Malard, pour les utiles renseignemens que cet habile fabricant de chapeaux s'est empressé de fournir sur l'état actuel de son art, et comme appréciateur éclairé des nouveaux moyens que la société vient d'acquérir pour le perfectionner.

Approuvé en séance générale, le 16 décembre 1829.

Signé, Molard, rapporteur.

Mélange des matières.

La beauté et la qualité des chapeaux dépend de la nature, de la beauté et des proportions des poils employés sécrétés, et de celui qui ne l'est pas, et qu'on nomme *veule*. Ainsi, dans la composition de mélange des matières premières, le fabricant les règle, 1° suivant le degré de finesse qu'il se propose de donner aux chapeaux; dans ce cas il recherche les bonnes espèces et les belles qualités de poils; 2° suivant le temps qu'on doit employer à leur travail; ce temps est relatif aux proportions de poil sécrété et de veule (1); 3° suivant le degré de liaison exigé par les feutres. Ce cas se règle sur l'usage auquel on les destine et leur dimension quand ils sont fabriqués. On le leur communique par l'addition des matières en laine qu'on nomme *charge*, et dont les proportions varient entre un neuvième au moins et un quart au plus du poids

(1) Règle générale, les mélanges communs doivent être moins travaillés que les mélanges fins.

du mélange. Il est bien essentiel d'employer une qualité
de laine dont la beauté soit relative à celle des autres matières employées, ou, si l'on veut, à leur finesse. Ainsi,
1° quand il entre dans le mélange beaucoup de poil commun, on emploiera la laine grossière ou les pelotes;
2° on prendra le poil de chameau pour charge des mélanges
plus fins; 3° pour ceux qui contiennent le poil le plus fin
de chaque espèce, c'est la plus belle laine *vigogne rouge*
bien épluchée qui devra former la chaîne; 4° enfin, pour
les plus fins, quand on n'emploie pas de castor, c'est toujours le poil de l'arête de lièvre qu'on prend; on y
ajoute environ un quart d'once de belle vigogne rouge,
pour en former la chaîne. Les mélanges des matières diffèrent donc suivant la qualité des chapeaux. Nous pouvons
ajouter que chaque fabricant a les siens, qu'il croit toujours les meilleurs. Règle générale, on doit, sur ce point,
tenir note de tous les essais que l'on fait sur un registre
particulier, et suivant les formules suivantes indiquées par
M. Morel.

Mélange de poils flamands.

ANNÉE MOIS ET JOUR.	MATIÈRES EMPLOYÉES.	VALEUR.		OBSERVATION
			f. c.	
1er juin 1830.	Lièvre sécrété, arête..	5 liv. à 24 fr. 120	»	L'once de ce lange revient à viron 1 fr. 50 c.
	Id. à-côtes..........	2 liv. à 16 fr. 32	»	
	Lièvre veule, arête ...	2 liv. à 30 fr. 60	»	
	Vigogne rouge	1 liv. à 16 fr. 16	»	
		10 liv.; ci. 228	»	Ce mélange propre à toutes les d'ouvrages, légers, soit étoff prix moyen, 1 60 c. la livre.
	Déchet......	4 onces cardage..	2 »	
	Reste.........	9 liv. 12 onces, ci. ... 230	»	

Mélange du n° 1, première qualité.

ANNÉE, MOIS ET JOUR.	MATIÈRES EMPLOYÉES.	VALEUR.		OBSERVATIONS.
			f. c.	
10 juillet 1830.	Clapier sécrété, arête .	5 liv. à 8 fr......... 40	»	Ce mélange est
	Garenne veule, *id.* ...	2 liv. 8 onces à 8 fr... 20	»	composé de ma-
	Lièvre sécrété, à côtés.	1 liv. à 16 fr. 16	»	nière à pouvoir
	Id.... *id.*.... roux...	2 liv. à 9 fr. 18	»	supporter un cin-
	Chameau beau........	1 liv. 1/2 à 8 fr. 12	»	quième de dorure.
				Il ferait de très
	Déchet......	12 livres , ci......... 106	»	beaux fonds pour
		6 cardages........ 4	»	des oursons pre-
				mière qualité.
	Reste.......	11 liv. 10 onces, ci...110	»	Ce mélange re-
				vient à 9 fr. 47 c.
				la livre.

Mélange du n° + croix.

			f. c.	
1er août 1830.	Garenne sécrété, arête.	1 liv. à 8 fr. 8	»	Ce mélange est
	Id...... *id.*.... veule.	1 liv. à 8 fr. 8	»	destiné à faire les
	Castor sécrété blanc et			plus beaux feutres
	moyen............	3 liv. à 90 fr. 270	»	et les ouvrages les
	Id. veule, arête......	1 liv. 4 onc. à 110 fr.. 137 50		plus légers ; il re-
	Vigogne rouge éplu-			vient à 64 fr. 32 c.
	chée............	0 liv. 12 onc. à 21 f. 50. 16 15		la livre, ou 4 fr.
				2 c. l'once.
	Poids total...	7 liv. Prix total..... 439 65		
	Déchet......	2 cardages....... 2 35		
		6 liv. 14 onc., ci..... 442	»	

Du cardage.

L'opération du cardage est presque entièrement sup-
primée ; elle n'a lieu que lorsqu'il se trouve un paquet de
mélange, pour des chapeaux communs ou fonds de poil et
oursons. Les poils propres à la fabrication des chapeaux,
façon flamande, sont seulement passés au violon, afin de
les mélanger de manière à ce que la qualité soit bien égale.

8

Cependant, afin de rendre notre ouvrage plus complet, nous allons décrire le travail du cardeur.

L'on commence par bien étirer la charge et lui donner ensuite un ou deux *tours de cardes*, afin qu'étant bien divisée ou ouverte, elle puisse se distribuer plus aisément dans le mélange ; on bat ensuite à la baguette et séparément chaque espèce de poil. Après cela on réunit toutes les matières. L'on y mêle bien les cardées de charge, et l'on bat le tout à la baguette. C'est un commencement de mélange, que l'on rend plus parfait au moyen du *violon*. Cette opération a été fort bien décrite par M. Morel ; nous allons la lui emprunter en grande partie.

Par le nom de *violon*, on entend un assemblage de seize à dix-huit cordes de fouet, d'environ huit pieds de longueur, lesquelles sont retenues par leurs extrémités dans deux tasseaux percés d'un nombre suffisant de trous distans de deux à trois pouces les uns des autres. Les cordes ainsi disposées fouettent aisément quand l'un des tasseaux étant fixé au plancher, le cardeur frappe à coups redoublés devant lui avec l'autre tasseau qui est muni d'un manche d'un pied et demi de longueur. L'ouvrier doit avoir soin de remuer de temps en temps le tas avec deux baguettes afin que le travail ou le mélange s'opère également ; il continue à fouetter jusqu'à ce que les diverses matières soient bien mélangées, ce qu'en termes de l'art on nomme *effacées*. Pour les mélanges les plus fins, le travail du cardeur est souvent terminé là ; mais quand ils doivent ensuite être cardés, il réunit le mélange, qui porte alors le nom d'étoffe, en un tas ; brise l'étoffe à la carde et la repasse ensuite sur la carde doucement, afin de peigner les poils et les étendre sans les rompre. Il continue cette opération s'il s'aperçoit qu'il existe encore de petites agglomérations ou pelotes de poil connues sous le nom de bourgeons. L'étoffe est alors portée dans une salle nommée *pesage*, pour de là être soumise immédiatement à l'opération de l'*arçon*. Dans le

cas qu'on veuille la garder quelque temps, on doit, pour
la garantir de l'humidité, de la poussière, de la fermentation et des teignes, enfermer les poils, soit séparés, soit
mélangés dans des tonneaux bien fermés sans les tasser
ou presser. Ceux qui sont sécrétés portent leur préservatif
contre les teignes; mais ils sont disposés à se bourgeonner
ou *peloter*, de même que la garenne et le castor veules.

Dans l'intérêt du fabricant, il convient donc de laisser
écouler le moins de temps possible entre le mélange des
matières premières et leur feutrage.

De l'arçon.

Le contre-maître distribue au fouleur, dit compa-
gnon, le poids nécessaire pour le genre de feutre qu'il
lui demande, et dont il lui indique en même temps les
dimensions. Celui-ci divise l'étoffe en deux ou quatre parties, suivant que le feutre qu'il doit confectionner doit
être composé de deux à quatre pieds, et qu'il doit être
de forme régulière ou irrégulière. Jadis on faisait quatre
pièces pour les chapeaux jockeis. Il est plus commode de
n'en faire que deux ; c'est une imitation flamande. Mais
lorsqu'on fabrique des chapeaux à cornes, il vaut mieux;
nous dirons même qu'il est nécessaire de faire quatre
pièces, à cause de la grande quantité de matières et de la
petitesse de la table de l'arçon. Il est aussi important de
former de quatre pièces le feutre qui doit avoir quelque
épaisseur, enfin on doit ne se borner à deux que pour
ceux qui sont doués de beaucoup de légèreté. Voici maintenant la manière dont M. Robiquet décrit l'opération de
l'arçonnage. Loin de chercher à nous approprier les travaux d'autrui, en torturant leurs phrases pour nous rendre
propres leurs pensées, nous préférons les transcrire en indiquant les sources où nous avons puisé.

L'arçon est une espèce d'archet d'une grande dimension,
qu'on suspend au plancher vers son milieu, afin de pou-

voir le placer dans toutes les directions possibles. Cet archet est situé au-dessus d'une table recouverte d'une claie
d'osier fin, et assez serrée pour ne laisser passer que les
ordures. On place le poil sur cette claie ; on fait entrer la
corde de l'arçon dans le tas ; et, sans qu'elle en sorte, on
la met en jeu à l'aide d'une *coche*, sorte de fuseau en
bois dur, terminé à chaque extrémité par un bouton en
forme de champignon. C'est en accrochant la corde avec
ce bouton, et la tirant fortement, qu'elle finit par glisser
sur le bouton, et qu'elle entre en vibrations d'autant plus
accélérées, que le mouvement de l'arçonneur a été plus
brusque. L'ouvrier a soin d'élever ou d'abaisser l'arçon,
de le porter en avant et en arrière, suivant qu'il le juge
nécessaire ; il continue ainsi jusqu'à ce que le mélange soit
intime et qu'on ne puisse y distinguer aucune nuance. On
termine cette manipulation par ce qu'on nomme *voguer*
l'étoffe, c'est-à-dire par l'arçonner de manière que ses
moindres parties, pincées successivement par la corde,
soient enlevées et transportées de gauche à droite, en faisant en l'air un trajet de plus de deux pieds. Le duvet re-
tombe très légèrement et finit par former un tas d'une
raréfaction telle, que le moindre souffle pourrait tout dis-
siper en un instant. L'ouvrier, à l'aide d'un clayon, repousse
le tas vers sa gauche et donne une seconde vogue, mais
avec une telle dextérité, qu'il le fait tomber dans un espace d'une figure déterminée, et de manière à ce que les
couches varient d'épaisseur en telles ou telles parties suivant le besoin. Arrivé à ce point, on enlève la claie, on
nettoie la table, puis on la mouille, afin de faciliter l'adhérence des poils ; c'est alors qu'on passe au premier
degré de feutrage, dit bastissage.

L'arçonnage est bien loin d'être parvenu au point de
perfection auquel il est susceptible d'atteindre : il faudrait
en effet qu'on pût tirer les pièces d'un seul trait sans que,
lorsque le *voguage* est commencé, l'action de la corde

éprouvât la moindre interruption. On pourrait alors espérer obtenir une liaison égale de toutes les parties d'une pièce et un entrecroisement complet de toutes les matières. On ne peut se dissimuler qu'il faut beaucoup d'adresse de la part de l'ouvrier et un coup d'œil le plus exercé pour former sur la claie, d'un seul trait et seulement au moyen du jeu bien dirigé de l'arçon, une figure projetée ou mieux donnée. L'ouvrier, quelle que soit son adresse, n'y parvient qu'approximativement; il a un autre obstacle qui s'y oppose, c'est l'interruption du *voguage*, tant pour battre et rouvrir de temps en temps l'étoffe non voguée, qui s'affaisse sous le poids de la perche de l'arçon, que pour enlever les ordures qui passent (1).

La perfection de l'arçonnage, dit M. Morel, dépend de l'observation des cinq règles fondamentales suivantes :

1° Ne voguer l'étoffe qu'après qu'elle a été parfaitement battue et ouverte dans toutes ses parties :

2° Ne pincer que très peu d'étoffe à la fois, en voguant, et ne point faire *peloter* ni repasser la corde de l'arçon sur ce qui est déjà vogué ;

3° Composer les pièces suivant la figure et la dimension qu'elles doivent avoir, et en combiner les divers degrés d'épaisseur ;

4° Nettoyer l'étoffe, soit en l'arçonnant, soit en la marchant, et la purger des galles, chiquettes, pointes et autres ordures ;

5° Enfin, s'opposer autant qu'on le peut au déchet, en soignant son étoffe, empêchant qu'elle ne tombe à terre, etc.

Les pièces après le voguage, n'ont, bien s'en faut, ni la consistance, ni la fermeté nécessaire; elles acquièrent en partie l'une et l'autre par l'opération suivante :

---

(1) Morel, *loco citato.*

Du bassin et du bâtissage.

Cette opération est une des principales de la chapellerie; elle doit se faire dans un local particulier, afin que l'ouvrier ne continue point à être exposé aux exhalaisons produites pendant l'arçonnage. Avant de la décrire nous dirons qu'on donne le nom de *bassin* à un établi en bois dur et bien uni; et celui de *feutrière*, à une forte toile d'Alençon, qui a environ une aune de largeur sur une aune et demie de longueur, et dont une moitié est étendue sur le bassin, et l'autre reste pendante. On mouille alors la feutrière soit avec une brosse, soit avec une poignée de brin d'osier, de bruyère ou bien avec un petit balai de riz; quand elle est suffisamment humide, on y place quelques carrés de papier épais et souples, on les recouvre de la partie pendante, et on roule le tout afin que la moiteur se distribue également. En cet état, l'ouvrier déroule la feutrière, et, après en avoir tiré les papiers, il l'arrange, comme nous l'avons déjà dit, c'est-à-dire une moitié sur le bassin, et l'autre pendante sur le devant. Tout étant ainsi préparé, l'ouvrier étend sur la feutrière les pièces les unes sur les autres, en ayant grand soin de les bien étendre, et surtout qu'il n'y existe ni plis ni ridures, sur chaque pièce, et, après l'avoir légèrement arrosée, il place une feuille du papier précité; enfin la dernière pièce est couverte par la moitié de la feutrière restée pendante.

Les poils nécessaires pour l'étoffe sont, comme on voit, divisés en plusieurs lots dits *capades*. M. Guichardière recommande de n'en faire que deux. Ainsi, la feutrière ne contiendrait que deux capades entre lesquelles serait interposée une feuille de papier épais; à cette époque de l'opération, l'ouvrier plie et replie, ou, en termes de l'art, marche et remarche en tous sens, en continuant d'arroser de temps en temps, et très légèrement, afin que les capades ne contractent point d'adhérence avec la feutrière. On continue

le travail jusqu'à ce qu'on reconnaisse 1° qu'elles sont devenues assez consistantes et assez fermes pour ne point
s'ouvrir ou s'étendre ; 2° qu'elles sont en même temps
assez molles pour que, lorsqu'on les assemble, elles s'unissent et se lient de manière à ne plus former qu'un seul et
même feutre. C'est ce qu'on nomme *bâtir un feutre.*
Voici comme M. Morel décrit cette opération : l'ouvrier
étend sur la feutrière, le plus exactement possible, une
pièce ou capade ; sur le milieu de cette pièce, il place le
lambeau (1), et replie sur lui les *ailes* de la pièce, sur laquelle il en met une seconde qui adhère avec les bords
repliés de la première. Il est bon de faire observer que
l'ouvrier doit ménager l'ouverture d'un des grands côtés
pour retirer le lambeau qui se trouve placé entre les deux
pièces. Cela fait, il retourne le feutre de manière que la
seconde pièce se trouve dessous ; il prend alors les ailes de
celle-ci, et les replie sur celle de dessus en ayant bien soin
de bien étendre et bien unir les capades l'une sur l'autre,
afin qu'il n'y ait ni plis, ni rides, ni air interposé. Après
cela, il recouvre de la partie de la feutrière pendante,
forme les plis nécessaires pour maintenir et arrêter les
pièces dans leur position. Ensuite, par d'autres plis faits
sur un même sens, il réduit le tout en un paquet long et
étroit, et marche sur toute la longueur, en portant ses
mains alternativement sur le milieu et à chacune des extrémités ; il change de nouveau tous les plis pour les former success ivement sur tous les sens, et marcher également-
ment. On appelle une *croisée* (ou bassin), l'ensemble de
tous les plis et de tous les mouvemens que l'ouvrier est

(1) Le lambeau est un modèle en papier, représentant
la figure que doit avoir le bâtissage; le lambeau est moins
grand que la pièce ou capade; et les parties de la pièce qui
le dépassent sont nommées *ailes* de la pièce ; elles doivent
être moins épaisses que les autres parties de la capade.

obligé de faire chaque fois qu'il marche en bastissant. Après la première croisée, l'ouvrier déplie, retire le lambeau qui se trouve entre les deux pièces, et *décroise*, c'est-à-dire qu'il donne d'autres plis à l'assemblage des deux premières pièces, lequel est toujours doublé par l'effet de l'interposition du lambeau. Celui-ci est replacé, après qu'on a fait disparaître les traces des anciens plis, et c'est alors qu'on applique les travers, si l'ouvrage en comporte, et qu'on double ce premier assemblage avec les deux autres pièces, si la composition du feutre en exige quatre. La manière de procéder relativement à ces deux dernières est la même que pour les autres, avec cette différence que, comme elles doivent s'appliquer sur les premières, et faire corps avec elles, on ne doit point interposer de papier ou lambeau entre elles. Nous devons ajouter avec l'auteur précité, que pour la plus grande perfection des feutres à quatre pièces, on mettra en contact les surfaces des pièces qui à l'arçonnage se trouvaient immédiatement sur la table de l'arçon ou sur la claie. Aussitôt que toutes les pièces ont été réunies ou assemblées, on les place dans la feutrière humide, et l'ouvrier donne une autre croisée laquelle est suivie de deux ou trois autres.

Si le feutre offre quelques endroits plus faibles ou plus minces qu'ils ne devraient l'être, on y applique des morceaux d'une autre capade, mise à part pour cet effet, et qu'on nomme *pièce d'étoupage*, et l'on y incorpore et lie ces morceaux par ces trois dernières croisées, et en marchant fortement sur ces parties. Enfin, quand l'étoffe est bien étoupée, ou que les poils sont bien tissus, et adhérens entre eux, il ne reste plus qu'à rendre le bâtissage assez feutré pour pouvoir brasser le plus tôt possible à la foule. Lorsqu'on est parvenu à ce point, l'ouvrier *simousse* le bâtissage, le retourne pour mettre le dehors en dedans, et le plie pour le descendre à la foule (1).

_____

(1) Dans un feutre uni, c'est cette même surface qui se

Pour la manière actuelle, on compose ordinairement le chapeau très grand, étroit et haut en même temps; l'assiette et le flanc doivent être de forme mince, et la carre passablement forte, ainsi que le lien, mais on a soin de tenir l'arête un peu déliée.

M. Morel donne de très judicieux conseils pour opérer un très bon bâtissage; nous allons le rapporter. Il y a deux vices principaux à éviter en bâtissant: l'un de faire *bourser* l'étoffe, l'autre de la rompre ou de la faire *écarter*. Le premier de ces défauts a lieu quand les secondes pièces qu'on a fait prendre sur les premières, ou, dans les feutres à deux pièces, lorsque les ailes repliées n'adhèrent pas dans toute leur étendue, et qu'il y a des places où elles forment des poches ou *bourses*. Cela vient, le plus souvent, ou d'avoir trop marché les pièces avant de les assembler, ou de les avoir trop mouillées ainsi que la feutrière. Ceux qui bâtissent à deux pièces seulement, des feutres épais et étoffés, sont sujets à cet accident, parceque les ailes des pièces ayant trop d'épaisseur, ne peuvent prendre aisément pour peu qu'elles aient été trop marchées, ou qu'il se soit introduit de l'air entre les deux surfaces destinées à s'unir.

2° Le second défaut est quand l'étoffe se veine et se coupe en plusieurs endroits, et notamment aux plis des croisées; ce qui a lieu quand la feutrière est trop sèche, ou que l'ouvrier marche trop long-temps sur le même pli.

Nous devons ajouter, d'après le même auteur, 1° que les feutres qui contiennent plus de charge qu'il ne faut sont plus susceptibles de se bourser que les autres; 2° que lorsqu'il y a trop de lapin sécrété, surtout de celui de garenne, elle est sujette à se couper aux plis des croisées; 3° enfin,

---

trouve à l'extérieur, quand on le porte à la foule, qui doit en former le dessus quand il est achevé. Morel, *loco citato.*

si elle est trop veule, elle a de la disposition à s'écarter.

C. Mackensie (1) a vu deux bâtissages faits à la mécanique que l'on apportait {des États-Unis; mais, ne connaissant pas la machine qu'on emploie, il n'a pu donner aucune notion sur ce travail.

De la foule.

Le feutre, après l'opération du bâtissage, est bien loin d'avoir la consistance, la force et la solidité convenables pour lui assurer quelque durée; on lui donne ces qualités au moyen de la *foule*, qui fait rentrer en tous sens les poils sur eux-mêmes et resserre ainsi le tissu en le rendant plus consistant, beaucoup plus fort, ou, en termes de l'art, plus étoffé. Les poils, en prenant ce nouvel arrangement, occupent un espace moindre qu'auparavant ; aussi l'étoffe se rétrécit-elle en tous sens; aussi le feutre, en sortant du bâtissage, doit avoir un tiers ou double de l'étendue qu'il aura après la foule. Ce nouveau feutrage s'opère toujours à chaud au moyen de quelques agens qui augmentent la qualité feutrante des matières sans qu'on ait encore déterminé chimiquement ce nouveau mode d'action. Pour cela on prépare un bain qui contient par chaque muid d'eau environ soixante-douze livres de lie de vin pressée. L'eau est d'abord portée à l'ébullition; arrivée à ce point on y délaie la lie au moyen d'un balai, et l'on enlève les écumes qui se forment. On entretient la liqueur à une température voisine de l'ébullition. Alors, dit M. Robiquet, les ouvriers apportent leur bâtissage, et se placent autour de la chaudière ayant un banc incliné devant eux, dit *banc de foule* (2) ; chacun trempe son

(1) *One thousand experiments in chemistry.*
(2) Ce commencement de foulage exige de grandes précautions, si l'on ne veut courir risque de faire ouvrir le feutre. on doit donc fouler d'abord avec beaucoup de mé-

bâtissage tout ployé dans le bain, le déploie ensuite pour s'assurer s'il est bien imbibé ; dans le cas contraire, il y supplée par la *lustre* ou brosse : alors il l'étend sur le banc de foule, l'exprime au moyen du roulet (1), y jette un peu d'eau froide, et foule à la main (2) en le reprenant successivement sur tous les sens ; il le visite fréquemment, pour s'assurer s'il rentre bien également, et il travaille davantage les parties qui l'exigent. Cette première croisée doit être légère. Quand le feutre est bien formé, on recourt à la pression de la brosse, en ayant soin de bien nettoyer auparavant le chapeau en le frottant avec la main nue. A cette époque le feutre est encore assez tendre pour céder facilement les jarres qui s'y trouvent contenus. Il est bon de faire observer que lorsqu'on commence à faire usage de la brosse, il faut que la pression qu'on

---

nagement, et amener insensiblement l'étoffe, convenablement disposée par la chaleur, l'humidité et le tartre, à se mieux lier, à bien rentrer et à acquérir une bonne consistance.

Robiquet, *loco citato*.

(1) C'est un rouleau bien uni en bois de frêne de dix-huit pouces de long, ayant un pouce de diamètre dans son milieu et décroissant graduellement en avançant vers les extrémités qui sont arrondies.

(2) Fouler un feutre, c'est, après l'avoir roulé sur lui-même, défaire et refaire alternativement le rouleau en le faisant tour à tour descendre et remonter à plusieurs reprises sous les mains, suivant l'inclinaison du banc de foule ; une *croisée à la foule* est l'ensemble de tous les mouvemens qu'on est obligé de faire pour rouler le feutre successivement sur tous les côtés que présente sa figure et le fouler sur chacun de ces *roulemens*. Ainsi, en supposant la figure du bâtissage un carré long, la croisée se composera de quatre roulemens, dont deux sur la longueur et deux sur la largeur. Avant de passer d'une croisée à l'autre, on décroise, comme au bassin, mais de peu à la fois pour que le travail soit plus égal. Morel, *l. c.*

exerce par son moyen ne soit pas forte. On commence
d'abord par la tête, on passe ensuite au bord, et l'on
continue cette opération pendant cinq à six croisées; les
roulemens des feutres se font en sens opposés. Ainsi, si
le roulement n° 1 est fait d'un côté, le n° 2 se fera de
l'autre, et, par suite, tous les numéros impairs seront
dans le même sens du n° 1, et tous les pairs dans celui du
n° 2. Nous devons ajouter qu'avant de faire un nouveau
roulement on doit retourner le feutre sens dessus dessous.
M. Morel, pour plus de clarté, joint à son exposé des
figures qui le rendent plus clair. Dans la figure 13, le roule-
lement n° 1 est bien directement opposé au roulement
n° 2, mais il ne lui est pas inverse; c'est la figure 14
qui nous représente deux roulemens n° 1 et n° 2 à la
fois opposés et inverses entre eux. Or, on voit, par
ce dernier exemple, qu'avant de procéder au roulement
n° 2, il faut au préalable, le roulement n° 1 étant de
fait, retourner le feutre bout à bout et sens dessus dessous.

En terme de l'art on nomme *avancer à la main*, ou
marcher à la foule, les deux ou trois premières croisées. La
première dénomination vient de ce que la majeure partie de
ce travail se fait avec les mains nues. Le fouleur doit avoir
l'attention de ne mouiller le feutre dans le bain qu'à chaque roulement qu'il va opérer. Dans les premières croisées
ce roulement ne doit pas être serré, il convient même
qu'il soit un peu lâche et qu'on foule légèrement, afin de
ne produire aucune déchirure dans le feutre qui n'a pas
encore acquis toute la consistance désirée. C'est à cette
époque de la foule que la surface du feutre prend un aspect raboteux que les ouvriers nomment la *grigne*, et
qui annonce que le feutrage se resserre. Plus cette apparence grenue est égale et apparente, dit M. Morel, mieux
on doit augurer de la rentrée du feutre, et se tenir prêt à
la ralentir, s'il est nécessaire, en menant à l'eau de bonne
heure et fréquemment.

Quand le feutrage est avancé, on foule aux *manicles* (1), sorte d'instrument composé de semelles de cuir, au moyen duquel il plonge, sans se brûler, les feutres déroulés dans la chaudière à chaque roulement, et même les feutres dont le roulement est terminé; le feutre est alors très chaud. Il faut alors que l'ouvrier *pince*, comme on dit vulgairement, de plus en plus le premier tour qu'il donne aux roulemens, et cela au fur et à mesure qu'il voit que le tissu en se feutrant davantage, devient plus consistant, plus ferme et plus serré. C'est cette partie de travail du bâtissage, la foule, qu'on nomme *rouler clos* et *tremper chaud*. La pression que l'ouvrier doit exercer sur les tours de ces roulemens ne doit point être cependant forte, parcequ'il ne faut point en exprimer ainsi la liqueur du bain interposée entre les interstices du feutre, laquelle contribue puissamment à activer et, comme on dit, à nourrir le feutrage. Il est une autre *opération* qu'on exécute en même temps, c'est celle de l'*ébourrage*. Elle s'opère en frottant douce-

---

(1) M. Guichardière, auquel la chapellerie doit des travaux si importans, suit une autre méthode plus pénible, il est vrai, mais qui donne des produits bien supérieurs; la voici. Après les cinq ou six premières croisées, on étend le chapeau à la planche : on le retourne et on le frotte encore à la main pour extraire les jarres qui pourraient y être restés. Ensuite, on emploie la brosse seulement du côté du bord, pour rentrer, feutrer et développer le duvet, pendant cinq à six croisées : on l'étend de nouveau à la planche, on le retourne, et l'on emploie une plus forte pression, à mesure que le feutre prend de la consistance : on tourne, et on brosse jusqu'à ce que le chapeau soit assez petit pour aller sur la forme. S'il arrivait que le feutre ne fût pas égal, dit M. Robiquet, il faudrait brosser davantage les places minces pour les égaliser. Enfin, pour avoir du brillant il faut tremper souvent, bien chaud et fouler pendant trois ou quatre heures. Nous consacrerons un article spécial aux procédés de M. Guichardière.

ment la surface externe du feutre au moyen de la partie
plane de l'instrument nommé *manicle*, afin d'en détacher
et enlever le jarre, qui étant resté mêlé au poil, paraîtrait
au dehors; ces derniers travaux durent ordinairement deux
heures : s'ils ont été exécutés avec soin et intelligence, et
si rien n'a dérangé l'opération, le feutre se trouve dans
un état voisin du *corps* et des qualités qu'il doit avoir.
Pour l'y porter tout-à-fait, on lui donne quelques nouvelles croisées qu'on nomme *serrer*, parcequ'on foule alors
fortement et qu'on serre autant que possible les roulemens. On emploie pour cela le roulet autour duquel on
roule avec force afin de serrer le tissu, de l'écraser en
quelque sorte et de le rendre moins épais. Par ce nouveau
travail l'étoffe se rétrécit encore, et on le continue jusqu'à
ce qu'elle soit réduite au point désiré. C'est l'époque du
travail de la foule le plus pénible pour les ouvriers, à
cause de la plus grande force qu'ils sont obligés d'employer.
Ce travail est moins difficile et donne des résultats plus
certains, si l'étoffe est constamment tenue à la plus haute
température ; il est inutile de dire que le bain doit être
alors le plus chaud possible.

· On reconnaît que le foulage est parfait quand les aspérités dont nous avons parlé, sous le nom de grigne, ont
disparu ; alors on *égoutte* le feutre en promenant le roulet
sur le feutre étendu avec pression afin d'en exprimer l'eau
de foulage qu'il contient. Il est encore un autre moyen de
se convaincre de la bonté de cette opération, c'est lorsque le feutre égoutté a les dimension désirées et qu'il
n'est plus susceptible d'aucun nouveau retrait par un autre
foulage ; en termes de l'art, on dit qu'alors le feutre a la
taille prescrite et qu'il est *atteint de foule*.

Il arrive parfois que par suite de mélanges peu ration-
nels des matières premières, ou par négligence ou inexpé-
rience des ouvriers, les feutres obtenus offrent quelques
imperfections; les principales sont la *grigne* et l'*écaille*.

Feutres grigneux.

Nous avons déjà fait connaître ce qu'on doit entendre par grigne; nous ajouterons ici qu'on nomme feutres grigneux ceux qui, après avoir été écoulés et pressés entre les doigts, en les faisant glisser horizontalement l'un sur l'autre, offrent encore ces aspérités et ce grain qui consti tuent la grigne. Ce défaut reconnaît pour cause: 1° un bâtissage trop court donné au feutre par l'ouvrier, afin de le faire arriver plus promptement à la dimension désirée; 2° un vice du mélange qui a produit une étoffe trop tendre pour être bâtie plus grand.

Feutres écaillés.

Ces feutres, après leur confection, et pressés entre les doigts comme ci-dessus, offrent des points où l'étoffe a si peu de consistance qu'elle est sur le point de se *défeutrer,* ou, si l'on veut, de voir cesser l'adhérence et l'entrecroisement du duvet qui est le résultat du bâtissage et du foulage. Suivant M. Morel, ce défaut provient de ce que le feutre ayant été bâti trop grand, et se trouvant atteint de foule avant que d'être réduit aux dimensions demandées, l'ouvrier a continué de les fouler dans l'espoir de l'y réduire; ou bien, lorsqu'ayant été bâti dans de justes proportions, l'étoffe trop veule s'est écartée au bassin et écaillée vers la fin du travail de la foule. Quand ce vice, ajoute l'auteur, est porté à l'excès, il occasione des gerçures et des trous. On dit alors que l'étoffe a lâché.

On n'a point encore étudié ni reconnu l'action chimique qu'exerce la lie de vin sur les poils pour activer leur adhérence; on sait seulement que c'est la crème de tartre (surtartrate de potasse) qui produit cet effet. On a cherché divers moyens pour la remplacer. On avait même fait usage de l'acide sulfurique au lieu de ce sel; mais ce mode a été abandonné, et l'on est revenu à la lie de vin parce qu'il a

été constaté que cet acide donnait une plus grande activité au mercure de nitrate de ce métal employé pour le
sécrétage, et que les ouvriers en étaient plus grièvement
affectés. M. Guichardière, qui a porté ses investigations
sur toutes les branches qui se rattachent à la fabrication
des chapeaux, a conseillé d'ajouter au bain avec la lie de
vin une certaine quantité de tan. Cette addition facilite,
suivant lui, le feutrage, et dispose, par ses principes, le
poil à acquérir un plus beau noir.

Les préceptes et la marche que nous venons d'exposer
sont principalement applicables à la fabrication des chapeaux fins. Pour celle des chapeaux de seconde qualité,
on éprouve de bien plus grandes difficultés parce que les
poils qu'on y destine se feutrent encore plus difficilement.
Ces poils sont pour l'ordinaire ceux des côtés et les plus
beaux des gorges auxquels on ajoute environ un gros de
vigogne rouge. En outre on *dore* le chapeau au bassin, avec
une once un quart de poil du dos sécrété (1). Cette addition fait rentrer plus énergiquement le fond, et lui donne
de la solidité et de la beauté en même temps.

Quant à la troisième qualité des chapeaux, on emploie
le plus mauvais poil de gorge, le poil commun du ventre,

─────────────

(1) En termes de chapellerie, *dorer* c'est recouvrir le
feutre d'un poil qui a de la longueur, du brillant, et qu'on
n'incorpore que vers sa base, et du tiers tout au plus de sa
longueur.

Dorer au bassin, c'est faire cette opération sur le bâtissage qui s'exécute quelquefois sur une plaque légèrement chauffée, qu'on nomme *bassin*. La dorure avec le
poil sécrété et arraché rend la foule très pénible, parceque cette sorte de poil reste long-temps crispé. Pour rendre lisse cette qualité de feutre, il faut tremper chaud et
souvent, brosser avec forte pression, et bâtir moins grand
que pour celui de première qualité.

Robiquet, *loco citato*.

et un quart d'once de vigogne rouge. On dore avec une once un quart du poil du dos sécrété. Même opération du bassin et de la foule ; mais arçonnage et bâtissage plus courts que pour la deuxième qualité , à cause que plus les poils sont grossiers , moins bien ils se feutrent, et que pour y parvenir il faut les fouler très fortement et commencer ce foulage par un roulement clos avec les *conserves,* et le finir par quatre ou cinq croisées au roulet.

Les chapeaux qu'on nomme *velus* (façon flamande) ne se foulent presque plus au roulement clos. On emploie seulement la pression de la brosse, surtout lorsque les poils sont arrachés. Le chapeau en est plus beau , plus solide et plus soyeux. Anciennement, lorsqu'on faisait des poils et des oursons, on foulait à chaud dans un chapeau commun ; à présent l'on se sert de *bache,* espèce d'emballage dans lequel vient le coton du Levant.

Dressage des chapeaux.

Dresser un chapeau, c'est le mettre en forme, afin de lui donner la figure convenue. Pour cela , lorsque le foulage est terminé, et que l'étoffe sort de l'étuve et a été *mise en coquille,* on la trempe dans l'eau chaude, soit au pouce et au poing, soit au *poussoir,* en pressant du centre à la circonférence ; l'on écrase la pointe et assez de plis suivans pour placer une forme en bois, qu'on y fait entrer d'envers, et sur laquelle on l'applique exactement. L'ouvrier prend alors une ficelle double avec laquelle il lie le milieu de la forme , et fait descendre ensuite ce tour de ficelle jusqu'au bas de la forme , au moyen du *choc* ou de l'*avaloire.* Alors il trempe à plusieurs reprises le chapeau dans l'eau chaude , il le tire pour bien en effacer les plis. Le point où se trouve le tour de ficelle sépare la tête des bords. On relève ceux-ci, ce qu'en termes de l'art on nomme *abattre;* on trempe de nouveau, on détire ces bords en long et en large, tenant d'une main et tirant de l'autre de toute sa force, sur la longueur et un peu sur la largeur, de manière à arranger et à tenir le tout en place (1).

Quand l'ouvrier a dressé son chapeau et qu'il est sec, il prend une pierre-ponce qu'il passe sur sa surface, jusqu'à ce que tout le velu soit coupé et que le feutre soit bien uni ; il lui substitue ensuite la *robe* (morceau de peau de chien de mer), qu'il passe légèrement sur le chapeau. Cette opération sert à produire un velu fin, convenable au chapeau ras. On a maintenant remplacé la pierre-ponce et la robe par le *carrelet* qui sert à développer le duvet qui convient aux chapeaux velus qui sont à présent de mode. Ce velu s'est déjà développé en foulant, par la pression de la brosse. L'ouvrier ne doit se servir que d'un carrelet très doux, et n'employer qu'une pression très légère ; car un carrelet fort et une pression également forte décomposeraient le feutre au lieu d'en mettre à jour tout le velu. Il est digne de remarque que les feutres faits avec des poils arrachés sont plus forts et moins faciles à se décomposer, que ceux qui sont confectionnés avec des poils coupés. Le dressage est un travail pénible et difficile, surtout quand les formes sont brisées en cinq ou sept parties, afin de pouvoir les introduire pièce à pièce dans la calotte du chapeau, principalement quand le diamètre du sommet est plus large que celui de l'entrée de la tête. Mais quand la forme est cylindrique ou conique, le dressage est bien plus aisé. Le chapeau une fois dressé, on le regarnit, c'est-à-dire on le réapprête en tête.

Le passage du dressage ne sert qu'à affaisser le duvet,

_____

(1) Robiquet, *loco citato.* Dans quelques fabriques on trempe au dressage, dans le bain de lie. Il vaut beaucoup mieux n'employer que le bain d'eau pure, afin de rendre ensuite le *dégorgeage* plus aisé, le poil plus net, plus éclatant et plus facile à teindre.

et à faire relever les jarres, afin que l'éjarreuse puisse plus facilement les saisir avec des pinces (1) et les extraire, sans les casser, autant que possible. Pour que cette opération se fît avec facilité, il faudrait ne réapprêter la tête qu'après l'éjarrage. Le réapprêtage de tête consolide les jarres, et on les casse en voulant les extraire (2). Quand les chapeaux ont resté quelque temps en magasin, les jarres repoussent à la surface et détruisent la douceur du chapeau. On doit alors les éjarrer et les brosser.

Les marques auxquelles on reconnaît qu'un feutre est bien confectionné, et que toutes les proportions ont été bien observées, sont : 1° quand il est exempt de grignes et qu'il est lisse partout; 2° qu'il est de moyenne force en tête; 3° très fort dans le lien; 4° que son épaisseur va en diminuant jusqu'à l'arête, qui doit être fine et bien ronde.

Des feutres divers.

Les feutres ne sont pas tous semblables aux *feutres* dits *unis* dont nous venons de décrire la manipulation. Cependant leur confection ne diffère de celle de ceux-ci, que par quelques différences dans les procédés; nous allons en donner une idée, en suivant la division établie en :

1° Feutres unis,   3° Feutres dorés,
2° Poils flamands,   4° Feutres à plume.

1° *Feutres unis.*

Nous venons de les faire connaître.

2° *Feutres dits poils flamands.*

Cette dénomination vient de ce que primitivement ce

_____

(1) Avant la fabrication des chapeaux velus, on se servait rarement de pinces, mais bien de la pierre-ponce et du rasoir.

(2) Mackensie, *loco citato.*

mode de préparation a été importé des fabriques de Flandre. Ce feutre est le plus souvent fait avec du poil de lièvre pur et est brossé avec le *frottoir*, pendant la *foule*, ce qui en dégage un poil très long et uni, qui en constitue la qualité et en fait la principale beauté. On doit cependant ne commencer à brosser ainsi que lorsque la consistance qu'a acquise le feutre est assez grande, ou si l'on veut, quand le feutrage est assez fort pour n'avoir pas à craindre la moindre altération du tissu par l'action du frottoir. Sur ce point, comme le fait observer fort judicieusement M. Morel, les fabricans français l'emportent sur les fabricans flamands. Ceux-ci dès les premières croisées, frottent et planchéient si fortement les feutres, qu'ils les altèrent avant même de les avoir confectionnés. A l'opération de la foule, les poils flamands se gouvernent presque comme les feutres unis ; il n'y a d'autre différence que celle de les entretenir continuellement abreuvés et de ne pas s'arrêter aussi long-temps sur chaque roulement. Après que ces feutres sont secs, on les brosse doucement, on les tire au carrelet et on les baguette, sans jamais les poncer.

Voici de quelle manière M. Morel décrit cette opération : l'ouvrier muni du carrelet, gratte toute la surface extérieure du feutré, ce qui fait sortir de celui-ci un velu plus ou moins long et fort touffu. Cette opération est analogue à celle du *lainage* qu'on exécute au moyen du chardon à foulon, dans les manufactures de drap. On doit faire passer le carrelet d'abord très légèrement, en appuyant un peu plus, et par degrés, sur chaque partie du feutre.

3º *Feutres dorés.*

On donne le nom de *feutres dorés* à ceux d'une qualité ordinaire ou inférieure, dont l'on recouvre la surface externe d'une couche mince de matière ou poils plus fins.

Nous ne devons nous occuper ici que des feutres mélangés dont la *dorure* se fait toujours avec le poil de lièvre ou bien avec celui de castor. Cette dorure est préparée à l'arçon, comme les pièces, et on ne la marche jamais qu'à la quarte. La dorure se distingue en *dorure au bassin* et *dorure à la foule*, suivant les différentes époques de l'opération auxquelles on l'exécute. Nous en avons déjà dit un mot aux pages précédentes; nous allons y ajouter de nouveaux développemens. 1° La *dorure au bassin* s'opère après que le bâtissage est garanti. L'ouvrier la *fait prendre* en donnant deux ou plusieurs croisées dans la feutrière.

2° La *dorure à la foule* est celle qu'on ne pratique que lorsque le *feutre est marché à la foule*. Celui-ci a moins d'étendue et plus d'épaisseur que la précédente, ce qui rend son incorporation au feutre bien plus difficile. Voici le procédé qu'on suit pour cette opération (1). On prend une de ces toiles bourrues servant à emballer les marchandises du Levant, et qu'on nomme *couverte*; on la plonge dans la chaudière et on l'étend ensuite sur le banc de foule; on y pose dessus le feutre qu'on a eu soin de bien *ébourrer* auparavant. On couvre ensuite successivement les deux surfaces du feutre avec les pièces de la dorure, en ayant l'attention de n'y laisser former aucun pli; on fixe ensuite la dorure au moyen d'un peu d'eau chaude qu'on y projette au moyen d'une brosse à longues soies dite *trappante*, parcequ'elle sert après cette projection à frapper bien d'aplomb à coups redoublés sur la dorure pour la *faire prendre* au feutre. Après cela, pour rendre cette incorporation plus complète, l'ouvrier donne quelques croisées en roulant le feutre et la couverte l'un dans l'autre, de façon que chacune des surfaces du feutre qui vient de recevoir la dorure, se trouve en contact avec la couverte. A chaque nouveau roulement qu'il fait, il dé-

---

(1) Morel, *loco citato.*

croise et frappe le feutre avec la brosse afin de faire disparaître les petites soufflures qui se forment, surtout aux
plis des croisées. Pour faciliter l'opération, il enlève de
temps en temps le feutre de dessus la couverte, et plonge
celle-ci dans la chaudière, et dès qu'il l'a retirée il y replace aussitôt le feutre qui se trouve ainsi réchauffé. Aussitôt qu'il s'aperçoit que la grigne est égale et serrée,
c'est une preuve que la dorure est bien adhérente au feutre ; dès lors il retourne celui-ci pour le mettre en dedans ; il foule ainsi une ou deux croisées aux manicles ;
mais il retourne bientôt après le feutre et en finit la fou-
lure en tenant la dorure en dehors, afin que celle-ci s'é-
jarre et ne s'entremêle point avec le poil qui constitue
le fond du feutre ; sur la fin de l'opération, il donne
même quelques coups de frottoir afin d'en bien détacher
les poils de dorure.

Les chapeaux, ou mieux, les feutres dorés à la foule,
dès qu'ils ont été séchés à l'étuve, doivent être brossés
doucement, tirés au carrelet, et soumis à l'action de la
baguette.

4° Feutre à plume.

Les feutres dits à *plume* sont une dorure plus riche
pour laquelle on fait usage du plus beau poil de lièvre (1)
et de celui de castor. En général, on n'applique cette dorure
que lorsque le feutre a été foulé, avec cette différence
du procédé des feutres dorés, que pour ceux à plume
on applique plusieurs couches de poil ou dorure. Ce nombre de couches établit deux divisions dans ce genre de
feutre, qui sont :

(1) M. Morel pense que malgré qu'on emploie en plume
toutes sortes de lièvres de France, et même celui de
Barbarie, nous n'en possédons qu'une sorte qui réussisse
très bien : c'est le lièvre de Bretagne. Il ajoute qu'en général le lièvre étranger n'est point propre à cet usage.

1° Les chapeaux *mi-poils*.

2° Les chapeaux dits *oursons*.

Chapeaux mi-poils.

Le mot *demi-poil* annonce que cette dorure est supérieure à celle des feutres dorés ordinaires et inférieure à celle des oursons. Cette qualité tient donc un juste milieu entre les deux précitées. Les deux dorures qu'on applique sur ce feutre se nomment, en termes de l'art : *première* et *seconde pose*. La première se donne lorsqu'il ne reste au feutre que deux ou trois travers de doigt à rentrer. Dès que celle-ci est bien adhérente on applique la seconde pose, et après la prise de chacune de ces poses on foule à chaud pendant environ trois quarts d'heure pour chaque pose, c'est-à-dire que l'ouvrier suit pendant ce temps ses croisées en roulant le feutre dans la couverte et le foulant à grande eau et très légèrement pour l'entretenir dans une grande chaleur (1). Après le foulage complet de la dernière pose, on sort le feutre de la couverte pour le fouler à nu en lui donnant avec beaucoup de précaution, pour ne pas lui enlever la plume, deux ou trois croisées qui finissent par achever de faire rentrer le feutre qu'on fait égoutter ensuite et sécher. Après cela, on fait ressortir la plume en la dégageant du feutre au moyen du carrelet. Quant aux nœuds (2) qui peuvent s'y trouver, on les extrait au moyen d'un peigne doux.

Chapeaux oursons ou à poil.

Ce qui constitue la différence qui existe entre la forma-

---

(1) M. Morel, *loco citato*. Cette opération a pour but d'incorporer la plume avec le fond, sans que celui-ci se détériore ou qu'il rentre d'une manière sensible, *ibidem*.

(2) On donne le nom de nœuds à de petits pelotons de poils provenans de la dorure, lesquels sont feutrés ensemble à la surface de la dorure sans adhérer au feutre.

tion des *mi-poils* et des *oursons*, c'est, 1° que les premières ne reçoivent que deux poses, et jamais au-delà de trois, tandis qu'on en applique aux derniers cinq, et que ces poses ne sont données que lorsque le fond se trouve complètement foulé ; 2° qu'après que la dernière pose a été foulée à chaud, on *sansouille* le chapeau pendant environ une demi-heure, c'est-à-dire qu'on le plonge en entier dans la chaudière et qu'on le promène vivement dans l'eau en sens contraire. Cette rapide agitation dans l'eau opère un si bon effet sur la plume qu'elle en dégage tous les poils, qui dès lors, n'adhérant au feutre que par leur base, y sont implantés comme les cheveux des perruques sur le tissu qui leur sert de fond, ou, si l'on veut, comme sur la peau de l'animal.

Après cette opération, et après que l'ourson est égoutté, dressé et séché, on le peigne pour en séparer les nœuds ou pelotons de poil qui peuvent s'y trouver (1).

Les chapeaux dits *plumets*, ainsi que les *bordés*, etc., ne diffèrent des oursons qu'en ce qu'on ne les dore comme ceux-ci que d'un côté ou seulement sur les bords, etc.; comme le procédé ne diffère en rien de celui que nous venons d'exposer, nous nous abstiendrons de toute répétition.

Nous passerons également sous silence la fabrication des

---

(1) Nous ajouterons ici une remarque intéressante de M. Morel. Les chapeaux à plume, dit-il, de quelque genre qu'ils soient, sont *flambés* avant de recevoir la première pose. Pour cela, quand l'ouvrier a réduit le fond à la taille où il doit être *posé*, il l'égoutte le plus possible à l'aide du roulet, et fait passer au-dessus d'un feu de paille ou de copeaux, les surfaces sur lesquelles les poses doivent être appliquées, afin de les débarrasser des poils qui les couvrent et qui nuiraient à l'introduction de ceux qui composent la plume. On donne après ce flambage un léger coup de frottoir, pour bien nettoyer ces surfaces.

chapeaux qui varient par leur force, leur légèreté, leur grandeur et leur forme : les premiers sont relatifs à la quantité et à la qualité des matières qu'on emploie au feutrage, les autres sont relatifs aux modes qui se succèdent si rapidement. Ainsi, outre les chapeaux à forme basse et haute carrée, on en fait de cylindriques, de coniques, etc.; on fabrique aussi des *bonnets de chasse*, des *casquettes*, *toques*, *schakos*, *etc*. Le mode de fabrication est constamment le même, ainsi que pour les étoffes carrées en feutre qui ont reçu de nos jours de nombreuses applications tant pour la toilette que pour les ameublemens. La forme à leur donner varie suivant l'emploi qu'on veut en faire ; c'est principalement au bâtissage qu'on leur donne celle qu'on désire. Nous n'entrerons point dans d'autres détails à ce sujet : ce serait nous écarter de notre but : nous nous bornerons à dire que les plus grandes pièces en feutre qu'on ait encore pu fabriquer ne dépassent pas cinq pieds carrés.

Teinture des chapeaux.

Chaque fabricant de chapeaux a ses procédés de teinture dont il fait un secret. Malgré cela nous ne craignons pas de dire que cette partie de l'art est encore bien loin d'avoir atteint le degré de perfectionnement nécessaire, et auquel l'œil investigateur du chimiste peut le porter. Ceux qui se sont occupés avec succès de la teinture spéciale des chapeaux, n'ont pas assez tenu compte des procédés particuliers auxquels ont été soumis les poils et matières employés, principalement de l'opération du feutrage qui exerce une telle action ou même altération des poils, qu'outre leur couleur qui change, leur propriété feutrante s'accroît considérablement. Les diverses opérations du feutrage doivent donc rendre ces étoffes moins aptes à recevoir la teinture, malgré qu'on les dégorge bien en apparence. Ajoutons à cela que pour les bains de teinture, indépendamment des substances insolubles et par conséquen nulles qu'on ajoute aux autres ingrédiens, et qui ne font que compliquer l'opération, le sulfate de fer réagit à la longue sur le tissu par son acide, tandis qu'une partie de l'oxide se péroxidant, par l'absorption de l'oxigène de l'air, prend une couleur rougeâtre, et fait passer le noir du chapeau au noir brunâtre. C'est ce qui a porté les boi-fabricans à remplacer le sulfate de fer (couperose verte) par un autre sel de fer dont l'acide n'exerçât aucune action sur le tissu. Ainsi l'on emploie maintenant avec quelque succès l'acétate de fer, et mieux, à l'instar des Anglais, le citrate de ce métal; malheureusement il est trop cher. La Société d'encouragement pour l'industrie nationale, convaincue de la défectuosité des procédés de teinture des chapeaux, en a fait un de ses sujets de prix. Nous croyons devoir en rapporter le programme en entier à cause des vues intéressantes qu'il renferme.

Prix pour le perfectionnement de la teinture des chapeaux.

Les matières colorantes sont ou simples ou composées, c'est-à-dire que tantôt ce sont des substances *sui generis* qu'on ne fait qu'extraire des corps qui les contiennent, et d'autres fois elles résultent de la réunion de plusieurs élé mens, qui constituent entre eux une véritable combinaison insoluble à proportions déterminées et qui affecte une couleur assez prononcée pour qu'on en puisse tirer parti en teinture. La couleur simple se fixe au moyen d'un mordant; l'autre se produit dans le bain de teinture, et se précipite sur le tissu, ou bien on en détermine la for mation sur le tissu lui-même en l'imprégnant successive ment des diverses matières qui entrent dans cette composition. Nous ne citerons point ici les nombreux exemples connus de ces deux espèces de teinture; nous nous occu perons seulement de la composition qui produit le noir. En général cette couleur n'est autre, comme on sait, que la réunion de l'acide gallique avéc l'oxide de fer, et cette multitude d'ingrédiens qu'on ajoute à ces deux principes ne sert, selon toute apparence, qu'à nourrir ou à lustrer la teinte. Considérant donc les choses dans leur plus grand état de simplicité, nous voyons que, pour teindre en noir, il ne s'agit que de produire du gallate de fer, et de le combiner avec la matière organique qu'on veut revêtir de cette couleur. Or, toute combinaison, pour être intime, nécessite un contact immédiat ; il faut donc que les surfaces qui doivent être réunies soient d'une grande nelteté, et c'est en effet un principe reçu en teinture qu'une couleur sera d'autant plus belle et plus pure que la surface des fibres aura été mieux débarrassée de toute substance étrangère, mieux décapée, si on peut se servir de cette expression. Une autre conséquence de ce même principe, c'est qu'on doit éviter de rien interposer entre les surfaces à teindre et les molécules teignantes, et c'est là très probablement un des graves inconvéniens dans lesquels tombent constamment les teinturiers en chapeaux. Ils composent leur bain d'une foule d'ingrédiens qui contiennent une grande quantité de substances insolubles : c'est au milieu de l'espèce de magma ou de boue qui en résulte que la teinture doit s'opérer. On conçoit dès lors que la couleur se trouvera nécessairement sale et nuancée par tous ces corps étrangers qui viennent s'y intercaler ; et de là la nécessité de surcharger en matière colorante pour masquer ces défauts ; et la fibre, ainsi enveloppée, perd tout son lustre et sa souplesse.

En s'appuyant sur ces données théoriques, la marche qui semblerait la plus rationnelle consisterait donc :

1° A n'employer que les substances rigoureusement nécessaires pour la production du noir ; |

2° A n'agir, pour les corps solubles, que sur des dissolutions filtrées ou tirées à clair ;

3° A porter le fer à son médium d'oxidation, soit en
calcinant la couperose ordinaire, soit en faisant bouillir
sa dissolution avec un peu d'acide nitrique, soit enfin en
traitant la rouille de fer par l'acide acétique ou autre
acide susceptible de dissoudre cet oxide.

En teinture on a généralement observé, relativement
à ce dernier point, que l'acide sulfurique du sulfate de
fer exerçait sur les fibres une influence préjudiciable, et
plusieurs praticiens ont proposé avec raison de lui substituer l'acide acétique. On obtient, en effet, par ce moyen
des résultats beaucoup plus favorables ; et si le succès n'a
pas toujours été complet, cela ne tient, sans aucun doute,
qu'à la mauvaise confection de ce produit, qui se livre
rarement fabriqué convenablement. Le plus ordinairement on sert, pour cet objet, de l'acide pyroligneux brut,
ou qui n'a subi tout au plus qu'une simple rectification ;
dans cet état, il contient encore une grande quantité de
goudron, qui se dépose çà et là sur l'étoffe, et empêche
que l'engallage et par conséquent la teinture ne pren
nent également. C'est donc de l'acide provenant de la
décomposition de l'acétate de soude par l'acide sulfurique
qu'il faut se servir, et non de l'acide brut ou ayant subi
une seule distillation ; l'emploi du pyrolignite bien pré
paré offre le double avantage de ne déterminer aucune
altération de la fibre organique, et de faciliter en outre
sa combinaison avec l'oxide de fer. Cet acide volatil aban-
donne avec tant de facilité les bases qui lui sont combinées,
qu'il mérite en ce sens la préférence sur tous les autres.

Tel est l'ensemble des observations que l'état actuel de
la science permet d'indiquer ; mais il se pourrait qu'ici,
comme dans beaucoup d'autres circonstances, la théorie
ne marchât pas d'accord avec la pratique. Nous avons
blâmé, par exemple, et tout semble y autoriser, l'emploi

de ces bains bourbeux, dans lesquels les molécules teignantes se trouvent tellement disséminées, que leur rappro-
chement ne peut s'effectuer qu'avec les plus grandes difficultés; mais ne serait-il pas possible que ces entraves
fussent plus favorables que nuisibles, en ne permettant,
comme dans le tannage, qu'une combinaison lente et
successive, et par cela même plus complète? Ce n'est donc
qu'avec beaucoup de réserve que nous présentons les vues
précédentes, et on doit les considérer plutôt comme un
sujet d'expériences et d'observations que comme un résultat définitif et absolu.

La Société d'encouragement, voulant favoriser autant
qu'il est en elle l'amélioration qu'elle réclame dans l'intérêt commun, propose un prix de trois mille francs pour
celui qui indiquera un procédé de teinture en noir pour
chapeaux, tel que la couleur soit susceptible de résister à
l'action prolongée des rayons solaires sans que le lustre
ou la souplesse des poils en soit sensiblement altéré.

Les conditions essentielles à remplir par les concurrens
sont les suivantes :

1° Les mémoires seront remis avant le 1er juillet 1830;

2° Les procédés y seront décrits d'une manière claire et
précise, et les doses de chaque ingrédient y seront indiquées en poids connus;

3° Chaque mémoire sera accompagné d'échantillons
teints par les procédés proposés.

Le prix sera décerné, s'il y a lieu, dans la séance générale du second semestre 1830.

Nous allons maintenant faire connaître les procédés généralement suivis pour la teinture des chapeaux; nous
ajouterons ensuite les améliorations diverses qui ont été
proposées.

Préparation des chapeaux pour la teinture.

Après que les chapeaux ont été soigneusement vérifiés par le fabricant, et marqués dans l'intérieur de la forme avec un fer chaud pour en indiquer la qualité, on leur fait subir les quatre opérations suivantes :

1° *Le robage.* On doit d'abord peigner les chapeaux flamands et ceux à plume ; quant aux chapeaux à poil ordinaire, on les *robe*, c'est-à-dire qu'on en brosse doucement la surface avec un morceau de peau de chien de mer, afin de produire un poil court, épais et fin.

2° *L'assortiment.* Assortir un chapeau, c'est le placer, après l'opération précédente, dans une forme semblable à celle qu'il doit avoir, en ayant soin de prendre une forme un peu plus haute que celle du dressage à la foule, afin que la ficelle n'occupe pas le même point que celui où elle se trouvait à la foule, et d'éviter ainsi les compressions du feutre qui produisent des espèces d'étranglemens. C'est ce qu'en termes de l'art on nomme *baisser le lien.*

3° *L'enficelage.* Après avoir fait entrer en partie les chapeaux sur les formes convenables et les avoir arrêtés avec une ficelle, on les plonge dans un bain d'eau bouillante pure pour les dégorger et extraire la crème de tartre que le poil peut contenir ; après les avoir tenus quelques instans dans la chaudière couverte, on les retire et on les pose sur des plateaux semblables à ceux de la foule, et ayant à leur extrémité inférieure un rebord qui porte l'eau qui s'écoule des feutres hors de la chaudière. C'est alors qu'on tire le feutre sur la forme, jusqu'à ce qu'il y soit bien appliqué et qu'il n'offre aucun pli. On fait alors deux tours de ficelle vers le milieu de la forme au moyen d'un nœud coulant qu'on serre médiocrement. On chauffe ensuite le feutre à la chaudière, et l'on enfonce la ficelle jusqu'à la base de la forme. On plonge le chapeau dans la chaudière, et l'on finit de bien étendre le feutré sur la forme en le *billottant*, c'est-à-dire en frappant le plat de la forme sur un billot, et faisant suivre le mouvement à la ficelle qui se trouve arrêtée un peu au-dessus du premier lien du dressage, attendu, comme nous l'avons déjà dit, que la forme pour la teinture est plus forte que celle de la foule; par ce moyen on évite que le chapeau ne se coupe en cet endroit. Quand ce nouveau dressage est complet, on plonge de nouveau le chapeau dans l'eau bouillante, on le remet à plat sur le plateau ou le banc, on l'égoutte avec la pièce, et on le retire au carrelet pour faire revenir le poil; on procède ensuite à la teinture de la manière suivante.

Bain de teinture.

Nous avons déjà dit que la composition de la teinture était très variable; il nous serait impossible de rapporter toutes celles qui sont connues. Nous allons nous borner à présenter une des plus généralement suivies, celle qui a été décrite par M. Robiquet; la voici:

Teinture pour trois cents chapeaux, de M. Robiquet.

℞ Bois de campêche haché. . . . . 100 livres.
Noix de galles concassées. 16
Gomme du pays, *idem*. 6
Sulfate de fer. 12
Vert-de-gris (sous-acétate de cuivre). 7
Eau pure. . . . . 4 muids 1/2.

On fait bouillir, pendant environ deux heures et demie, le bois de campêche, la noix de galles et la gomme dans l'eau, en remuant souvent le mélange; on laisse tomber le bouillon et l'on ajoute le vert-de-gris et le sulfate de fer. Au bout de quelques instans, on peut mettre en teinture. Voici comment on y procède d'après M. Robiquet (1) : On couvre le bain des chapeaux posés sur tête ; sur cette première couche on en place une seconde, forme sur forme ; la troisième se dispose comme la première, et la quatrième comme la seconde, ainsi de suite jusqu'à ce que la moitié des chapeaux (cent cinquante) soit placée. On couvre de planches ce dernier lit, et on le charge de poids afin que tous les chapeaux puissent plonger également, et que le bain ait une chaleur plus uniforme. On laisse ainsi environ une heure et demie, puis on relève, on laisse égoutter quelques instans sur les bords de la chaudière, et l'on place les chapeaux sur des tablettes. Après cela, on verse trois ou quatre seaux d'eau froide dans la chaudière, on fait bouillir, et l'on y plonge ensuite les autres cent cinquante chapeaux de la même manière que ci-dessus. Pendant ce temps, les chapeaux du premier bain restent exposés à l'air ; par cette exposition, *évent* en termes de l'art, la couleur noire prend plus d'intensité à mesure que l'oxide du gallate de fer, en en absorbant l'oxigène, passe au *summum* d'oxidation. On donne alternativement une *chaude*, ou immersion, et un *évent* ; mais comme dans chaque chaude le feutre absorbe une partie de la matière colorante, il est bon d'ajouter de nouvelles proportions des principales matières employées. Ainsi M. Robiquet prescrit d'ajouter :

1° Pour la première chaude de la seconde partie des chapeaux :

Vert-de-gris en poudre. . . . 3 livres.
Sulfate de fer. . . . . . 4 *id.*

On réitère cette addition avant la cinquième et la sixième chaude, et l'on répète les chaudes et les évens jusqu'à trois ou quatre fois pour chaque moitié de chapeaux, et quelquefois au-delà. Nous conseillons d'ajouter

(1) *Loco citato.*

auparavant deux livres de noix de galles concassées. Il est des teinturiers qui emploient des proportions plus grandes de ces ingrédiens, mais nous les croyons inutiles.

On abrège beaucoup cette opération, dit le chimiste précité, en employant le sulfate de fer en solution dans l'eau, laquelle a été long-temps exposée à l'air pour en suroxider le fer, ou bien en la faisant bouillir avec un peu d'acide nitrique. On peut aussi dessécher et même calciner un peu le sulfate de fer; par ce moyen on obtient plus promptement un noir plus beau, et que certains fabricans croient même plus solide. A cette méthode on vient d'en substituer une plus avantageuse et plus expéditive; c'est, au lieu du sulfate de fer, l'emploi du pyro-acétate ou de l'acétate de fer. Ce dernier sel est préférable, à moins que le premier ne soit bien dépouillé du goudron que l'acide pyro-acétique (pyroligneux) contient, et qui, rendant les poils glutineux, en rend la dessication difficile. Les Anglais emploient avec beaucoup d'avantage le citrate de fer.

Le bain de teinture doit être tenu à une haute température; car, d'après un ancien adage des teinturiers, *qui bout bien teint bien.* Après chaque opération, les teinturiers plongent ordinairement les chapeaux dans un bain d'eau bouillante, et les égouttent à la *pièce* (1), afin d'en chasser toutes les impuretés, et de rendre le feutre plus apte à prendre la nouvelle teinture.

Si les chapeaux à teindre sont d'une même qualité, on ne doit pas négliger, à chaque *chaude* (2), de les placer

---

(1) La *pièce* est un outil en cuivre, dont on se sert pour faire sortir le liquide et les impuretés que peut contenir le feutre.

(2) La *chaude* est également connue sous le nom de *plongée* ou de *feu*; sa durée est de une heure et demie à deux heures.

alternativement au fond de la chaudière. Quand au contraire, les chapeaux sont de diverses qualités, on doit
mettre les plus fins au fond de la chaudière, et les autres
au-dessus, attendu que les matières les plus fines sont
celles qui s'unissent à plus de matière colorante. Les chapeaux fins, façon flamande, pur poil de dos de lièvre
d'hiver, peuvent recevoir sans danger huit ou neuf *chau-
dés* ; il en est de même des mi-poil, oursons et dorés;
mais on doit opérer à une température plus basse, et en
employant moins de sulfate de fer. Dans tous les cas, on
doit ranger les feutres dans la chaudière de manière à ce
qu'ils ne puissent subir aucune altération.

Pour obtenir un noir intense et solide, il faut préparer
un bain de teinture riche en couleur, et ne point se servir
du vieux bain épuisé pour l'engallage des feutres. Ce procédé, dit M. Mackensie (1), est très vicieux, et s'oppose à
ce que la couleur neuve puisse se fixer sur les poils qui se
trouvent déjà imprégnés de la boue qui nage dans l'eau
du vieux bain et empêche la couleur de les atteindre. Le
bain neuf et limpide rend le duvet brillant, tandis que le
vieux bain est toujours boueux et le rend terne. M. Mackensie a raison. Cependant, nous croyons qu'on ne doit
point laisser perdre le vieux bain. Il vaudrait peut-être
mieux le décanter de dessus les boues, le filtrer et remplacer une grande partie de l'eau du nouveau bain par
cette teinture épuisée, mais encore assez chargée de principes colorans. Comme l'économie est l'âme des fabriques,
celle-ci nous paraît mériter quelque considération.

Bain de teinture pour 200 *chapeaux, de M. Morel.*

♃ Bois d'Inde, bois campêche, haché menu.   100   liv.
Noix de galles noires d'Alep, concassées. .   6

---

(1) *Loco citato.*

Gomme de cerisier. 5

Vert-de-gris de Montpellier (1). 4

Sulfate de fer. 5

On prépare ce bain comme nous l'avons dit ci-dessus. Quant aux additions à faire avant les troisième, septième, neuvième et douzième chaudes, il conseille pour chacune, les mêmes proportions de sulfate de fer. de vert-de-gris, et de noix de galles, que pour le bain primitif; les chapeaux, d'après sa méthode, doivent passer tous huit fois dans la chaudière, c'est-à-dire recevoir huit chaudes et huit évens.

Dès que la teinture ou la *brunissure* est terminée, on s'empresse de dépouiller le feutre de toutes les impuretés et de la matière colorante non combinée qu'il contient. On y parvient par de nombreux lavages, dans la chaudière de dégorgeage contenant de l'eau pure chauffée à environ cinquante degrés; on les brosse à plusieurs eaux, et on les plonge ensuite *dans l'eau bouillante* pour les bien dégorger (2); on les porte ensuite à la rivière, et on les *sansouille* jusqu'à ce que l'eau sorte claire du feutre. Cette opération a le triple avantage de laver le velu, de dégorger le feutre, et de fixer la couleur en même temps. Les chapeaux étant bien égouttés, on les plonge dans l'eau bouillante, on les remet sur forme, et l'on prend soin de les bien laver en les frottant à la *brosse demi-lustre*, jusqu'à ce que le velu soit clair et brillant. On les égoutte ensuite soigneusement, et on les fait sécher à l'étuve, chauffée à environ trente-cinq degrés, et non au soleil qui en altère le noir, et fait quelquefois passer au bronze.

Le même fabricant rapporte la recette suivante, de

_____

(1) M. Mackensie donne, avec juste raison, la préférence au vert-de-gris de M. Mollerat, qui est beaucoup plus pur que celui de Montpellier.

(2) Il est des fabricans qui ne les plongent ploint dans l'eau bouillante; ils se contentent de l'immersion dans la chaudière à cinquante degrés.

son père M. Morel-Beaujolin, pour 200 chapeaux. En admettant que la quantité d'eau qu'on a dû verser à la manière usitée soit de vingt-cinq voies, et que celle qui se perd à chaque chaude soit de trois seaux, ce qui fait vingt-trois voies de perdues ou évaporées pour la totalité, on doit mettre d'après son procédé quarante-huit voies d'eau, dans laquelle on fait bouillir pendant huit à neuf heures, les mêmes proportions d'ingrédiens ; c'est-à-dire, d'abord :

Bois d'Inde. 100   liv.

Noix de galles d'Alep. 24   id.

Gomme de cerisier.   5   id.

Après cette ébullition, on retire une quantité de décoction égale à l'excès d'eau qu'on y a ajouté, environ vingt-trois voies, et on verse en quatre parties égales dans quatre cuviers ou tonneaux placés près de la chaudière, au fond de chacun desquels on a mis :

Sulfate de fer. 5   liv.

Sous-acétate de cuivre, (vert-de-gris).   3

On jette ensuite dans la chaudière :

Sulfate de fer. 5   liv.

Vert-de-gris. 4

Ces proportions sont les mêmes que celles qu'on prend ordinairement ; mais leur emploi est différent. On brasse bien le bain, et demi-heure après la mise des dernières drogues, on y met la première moitié des chapeaux. On opère ensuite comme par les autres méthodes, avec cette différence que l'évaporation de l'eau est remplacée à chaque chaude par la liqueur déposée dans chaque baquet et tonneau, et que l'on agite bien, avant de la verser dans la chaudière.

Quel que soit le mérite de M. Morel-Beaujolin, nous ne croyons pas que ce mode soit jamais adopté par les fabricans, puisqu'il n'offre que des changemens qui nous ont paru alonger l'opération, et la compliquer, au lieu de la simplifier.

Voilà les modes qui étaient les plus suivis pour la teinture. Nous allons maintenant faire connaître les procédés nouveaux qui ont été proposés; nous commencerons par celui de M. Guichardière, qui a été copié en très grande partie par M. Mackensie, ainsi qu'on pourra s'en convaincre en les comparant.

Description des procédés à suivre pour la teinture des chapeaux, et observations sur les perfectionnemens obtenus dans l'art de la chapellerie; par M. GUICHARDIÈRE. (Ann. de l'indust. nat. et étrang., mai 1824, p. 131.)

Pour obtenir un noir intense et solide, il faut, d'après l'auteur, composer un bain riche en couleur, et ne jamais se servir, comme le font presque tous les teinturiers, du vieux bain épuisé pour l'engallage des feutres. Le bain neuf et limpide rend le duvet brillant, tandis que le vieux bain est toujours boueux et le rend terne. On doit se servir du verdet en poudre de M. Mollerat, qui est beaucoup plus pur que celui qui vient en pains de Montpellier, et de couperose calcinée (colcotar des anciens, tritoxide de fer rouge des modernes); par ce procédé on brunit beaucoup plus vite, et le noir est bien plus beau, pourvu que la température soit bien réglée, et à la hauteur convenable pour que le feutre ne soit pas altéré. L'auteur entend dire par là que la température la plus haute est celle qui fixe le mieux la couleur. Après chaque opération, il est indispensable de bien dégorger les chapeaux dans un bain d'eau à l'ébullition, et ensuite les bien égoutter à la *pièce* (1), afin de chasser tous les corps étrangers.

Lorsque le bain est préparé, si les objets à teindre

_____

(1) La *pièce* est un outil en cuivre dont le chapelier se

sont d'une seule qualité, il faut avoir soin, dans les divers
feux ou plongées qu'ils subissent, de les faire aller au
fond de la chaudière alternativement; sans cette précaution on manquerait le but qu'on se propose.

Lorsqu'on a plusieurs qualités de chapeaux à teindre
dans le même bain, on doit placer les plus fins au fond
de la chaudière, et les moins fins au-dessus, attendu que
les atomes colorans se précipitent toujours, et que les matières les plus fines en absorbent une plus grande quantité.
Les chapeaux fins, façon flamande, pur poil de dos de
lièvre d'hiver, peuvent recevoir sans danger huit ou neuf
plongées (1); ceux qu'on nomme mi-poil, oursons et dorés
peuvent en recevoir autant, mais à une température beaucoup plus basse, et l'on doit employer moins de sulfate de
fer (couperose verte.)

Aussitôt que la bruiture est terminée, on doit débarrasser le feutre de toute la crasse qu'il peut contenir, et qui
est produite par les résidus des ingrédiens employés pour
la composition du bain. Pour cela, aussitôt que les feutres
sortent de la chaudière, on les porte à la rivière où on
les lave et on les tord jusqu'à ce que l'eau en sorte claire.
Cette opération a le triple avantage de laver le velu, de
dégorger le feutre, et de fixer la couleur en même temps.
Il faut ensuite plonger les chapeaux dans l'eau bouillante,
les remettre sur forme, et avoir soin de les bien laver en
les frottant à la brosse demi-lustre jusqu'à ce que le velu
soit clair et brillant. On les égoutte autant qu'il est possible, ensuite on les fait sécher dans une étuve modérément

---

sert pour faire sortir le liquide et les saletés que contient
le feutre.

(1) On appelle plongée ou chaude, en chapellerie, ce
que les teinturiers ordinaires appellent feu. La durée de
chaque plongée ou feu est d'une heure et demie à deux
heures.

chauffée par un poêle, afin d'éviter le bronze produit par l'oxigène qui se combine à la surface, à une haute température. Lorsque les chapeaux sont secs, il faut les baguetter avec le plus grand soin jusqu'à ce qu'il n'en sorte plus de poussière; ensuite on les lustre avec l'eau de rivière, on les fait sécher et on les baguette fortement de nouveau.

Depuis deux ou trois ans la teinture a fait quelques progrès, et plusieurs fabriques fournissent des noirs assez beaux; aussi leurs produits sont très recherchés, tant il est vrai que c'est l'intensité de la couleur plutôt que la bonté du feutre qui fait vendre les chapeaux. Il est important de remarquer que les Anglais ne font de beau noir que depuis qu'ils ont substitué le citrate de fer au sulfate du même métal; l'auteur pense que le tartrate, le gallate et l'acétate de fer pourraient produire les mêmes effets; il se propose de faire une suite d'expériences sur tous ces sels, et d'en publier les résultats aussitôt qu'elles seront terminées. Il indique ensuite, tels qu'on les lui a communiqués, les procédés employés à Naples et à Trieste pour teindre les chapeaux. Nous nous dispenserons de les citer, les ayant trouvés décrits dans l'ouvrage de Mackensie d'où nous les avons déjà extraits.

Procédé pour teindre les chapeaux; par M. Buffum.

Les chapeaux destinés à être teints sont placés sur les chevilles d'une roue verticale tournant sur un axe dans la cuve. A mesure que cette roue tourne, le chapeau plonge dans la teinture et en sort. On peut faire tourner cette roue d'un mouvement très lent, par un engrenage qui fait communiquer son axe à un moteur quelconque, ou bien on peut lui faire faire seulement une demi-révolution, à des intervalles d'environ dix minutes. Par ce procédé, les chapeaux placés sur les chevilles seront alternativement plongés pendant dix minutes dans la teinture, et ensuite ils seront exposés pendant le même temps à l'air atmosphérique. L'auteur pense que cette manière de teindre les chapeaux est très avantageuse, parcequ'en passant successivement du bain de teinture dans l'air, et de l'air dans le bain de teinture, l'oxigénation par l'air atmosphérique fixera plus solidement et plus promptement la matière colorante dans le tissu du chapeau, que par une immersion prolongée pendant un temps beaucoup plus long. (Lond. Journ. of arts, septembre 1828.)

Perfectionnement dans la teinture des chapeaux; par M. Pichard.

L'auteur indique divers perfectionnemens dont la teinture des chapeaux est susceptible. Il propose : 1° de mettre en teinture avec des formes d'osier, afin d'éviter de casser les arêtes et d'arracher les bords; 2° de substituer aux chaudières rondes des chaudières longues; 3° de mettre les chapeaux dans une roue percée à jour, dont une moitié baignerait dans la cuve, tandis que l'autre moitié serait exposée à un courant d'air, de manière à ce que moitié des chapeaux pût s'éventer pendant un temps donné, tandis que l'autre moitié se teindrait, *et vice versâ.* Par ce procédé, les chapeaux ne seraient plus en contact avec le fond de la cuve, on pourrait les agiter dans le bain et à l'air en même temps, en imprimant un mouvement à la roue; on aurait une grande économie de temps, et on obtiendrait un plus beau noir, car les chapeaux, suspendus et agités dans l'air, prendraient beaucoup plus d'oxigène que sur le pavé, où on les jette ordinairement.

Pour teindre cent chapeaux fins, l'auteur emploie la préparation suivante : on fait bouillir, pendant deux heure, dans une chaudière de cuivre chargée d'une quantité d'eau suffisante, six livres de noix de galles concassées et cinquante livres de bois de campêche. Lorsque ce bain, qu'on désignera par le n° 1, sera préparé, on en mettra la moitié dans une chaudière; après y avoir ajouté vingt livres de sulfate de cuivre, on y passera les chapeaux pendant un quart d'heure, on relèvera pendant une demi-heure.

On verse dans la chaudière un tiers de ce qui reste du n° 1, trente livres de pyrolignite de fer; on conserve le feu, on remet en chaudière, on passe pendant un quart d'heure, on abat pendant une heure et demie, on relève, on évente une demi-heure.

On rafraîchit de nouveau avec le deuxième tiers restant du bain n° 1; on chauffe à 75°, on ajoute quinze litres de pyrolignite de fer, on met les chapeaux pendant une demi-heure, on évente une demi-heure.

On remet en chaudière pendant une heure, on évente une demi-heure; on refroidit de nouveau avec le restant du bain n° 1; on fait chauffer à 75°, on ajoute quinze litres de pyrolignite de fer; on met les chapeaux pendant une heure, on évente.

On remet en chaudière pendant une heure et demie, on relève pour laver à l'eau courante; on sèche à l'étuve, on met sur forme et on lustre. (Industriel, décembre, 1828.)

Procédés que les Triestains emploient pour teindre les chapeaux en cinq ou six plongées, de deux heures chacune et autant d'évent.

Pour teindre vingt chapeaux en cloche, avec formillons, les Triestains emploient:

8 livres de bon bois d'Inde;
7 onces de noix de galle noire;
8 onces de bois jaune;
2 livres de couperose verte;

7 onces de vert-de-gris;

8 onces de vitriol de Chypre calciné;

20 petites pierres de tournesol;

2 onces de belle gomme arabique pulvérisée;

16 onces ½ de graines de lin.

Nota. Je donne ici la dénomination ancienne, afin qu'elle soit mieux entendu des ouvriers.

Pour préparer le bain, il faut 1° faire tremper le bois d'Inde l'espace de quatre jours, et le faire cuire ensuite pendant six heures;

2° Faire macérer séparément la couperose, le verdet et le tournesol dans l'urine humaine pendant quatre jours, et les faire ensuite bouillir pendant quelques minutes;

3° Composition du bain. On met dans la décoction du bois d'Inde la moitié du verdet, la gomme arabique, trois quarts d'once de graines de lin et dix-huit onces de couperose. On laisse bien dissoudre ces substances.

Première plongée. On plonge les vingt chapeaux; on élève la température à 75°; on les laisse pendant deux heures; on les relève et l'on donne deux heures d'évent.

Deuxième plongée. On ajoute au bain la moitié du verdet non employé et deux onces de couperose; deux heures de bain et autant d'évent.

Troisième plongée. On ajoute au bain la moitié du verdet non employé et deux onces de couperose; deux heures de bain et autant d'évent.

Quatrième plongée. On ajoute au bain la moitié de la décoction de la noix de galle, la moitié du tournesol, toute la décoction du bois jaune et deux onces de couperose.

Cinquième plongée. On ajoute six onces de cendres gravelées; cet alcali est, en termes de l'art, pour laver le cuivre, c'est-à-dire pour empêcher l'effet du bronze qui se forme ordinairement à la surface; les huit onces de couperose qui restent et le restant de la décoction de noix de galle. Il faut avoir soin, pour éviter le bronze, de bien tourner avec un bâton les chapeaux dans le bain.

Sixième opération. Afin que le noir des chapeaux soit éclatant, on les plonge dans un bain d'eau bouillante dans laquelle on a jeté une livre de farine de graine de lin passée au tamis, en ayant soin de bien égoutter les chapeaux afin de les purger du principe oléagineux.

Observation. Les effets que la haute température des étuves produit sur la couleur des chapeaux méritent d'être étudiés avec soin. Je pense qu'il serait extrêmement important pour les progrès de notre industrie de déterminer autant que possible l'action qu'exerce la chaleur des étuves sur la couleur noire des chapeaux; car il est certain que les feutres qu'on y fait sécher sont d'un noir plus intense et plus brillant que ceux qu'on laisse sécher à l'air libre. L'oxigène ne jouerait-il pas ici le principal rôle, et la température de l'étuve ne favoriserait-elle pas sa combinaison avec les substances qui forment la teinture? Je laisse à d'autres, plus savans que moi, le soin de résoudre ce problème important, et de trouver la cause du fait que je signale.

Procédé des Napolitains pour teindre les chapeaux en deux plongées.

Les Napolitains teignent en deux plongées seulement de trois heures chacune et une demi-heure d'évent (1). Ce

---

(1) Jusque là on avait pensé qu'il n'était possible d'obtenir une belle teinture que par le concours de l'air. Par cette raison on donnait un évent d'une aussi longue durée que la plongée. Les Napolitains, entre leurs deux feux, ne donnent qu'une demi-heure d'évent, temps nécessaire pour préparer la seconde plongée ou chaude. Cette pratique semblerait prouver que l'évent est inutile : je m'en assurerai par l'expérience.

qui facilite beaucoup cette opération et la rend plus courte, c'est qu'ils ne teignent jamais les chapeaux en formes; ils ne se servent que de formillons (1). En effet, la forme dont nous remplissons nos chapeaux empêche le bain de pénétrer avec facilité du dehors au dedans; la couleur ne peut se communiquer que par l'extérieur, il faut par conséquent beaucoup plus de temps et un plus grand nombre de plongées pour que le bain communique du dehors au dedans en traversant toute l'épaisseur du feutre. A l'aide du formillon, tout l'intérieur du chapeau est vide et le bain entre librement par les deux surfaces, et pénètre plus facilement le feutre. Je regarde cette idée comme extrêmement heureuse.

Le premier bain se compose d'une forte décoction de bois d'Inde, dans laquelle on ajoute une dose convenable de verdet pour le faire virer au noir, et une certaine quantité d'indigo en liqueur (je pense que c'est de l'indigo dissous dans l'acide sulfurique, ou sulfate d'indigo; cette composition est connue). Aussitôt que ce bain est préparé, on y plonge les chapeaux, on les y laisse trois heures un quart à la température de l'ébullition. Pendant ce temps, les chapeaux s'imprègnent d'un beau noir, mais qui n'a aucune solidité. Ils laissent éventer pendant une demi-heure, temps suffisant pour préparer le deuxième bain.

Le deuxième bain se prépare comme le premier; mais on y ajoute la couperose calcinée, c'est-à-dire le fer oxidé au maximum, le colcotar dont j'ai parlé (car jusqu'ici on n'a pas trouvé le moyen de produire du noir sans oxide de fer); on y plonge de suite les chapeaux pendant le

---

(1) On nomme formillon une rondelle de bois d'un pouce d'épaisseur qu'on engage dans le fond de la tête du chapeau, afin de la tenir étendue et l'empêcher de reprendre la forme conique.

même espace de temps qu'à la première chaude, mais à une température plus basse, 75 à 78° Réaumur. Ce second feu n'est destiné qu'à fixer la couleur.

Trois heures un quart après qu'on a plongé les chapeaux pour la seconde fois, on les retire, on les lave avec soin dans de l'eau de puits froide, on brosse le velu, on les tord jusqu'à ce que les pores du feutre soient entièrement débarrassés des parties crasseuses. On les plonge ensuite dans une chaudière pleine d'eau bouillante pour achever de les dégorger des parties sales qu'ils pourraient encore contenir, et les mettre sur forme. Ils font sécher leurs chapeaux dans une étuve dont la température est très douce : après le séchage, ils les baguettent et les lustrent comme nous.

Les Napolitains connaissent que leur teinture est bonne, lorsqu'ils s'aperçoivent que leur bain est tout-à-fait épuisé.

Je pense que cette manière de teindre est préférable à la nôtre, attendu que nos chapeaux restent à la température de 72° degrés, sous l'influence de l'oxide de fer, pendant seize, dix-huit et souvent vingt heures, ce qui altère et corrode les feutres ; tandis que les leurs n'y restent que pendant trois heures un quart ; de sorte que les nôtres y restent au moins six fois plus de temps. C'est la raison pour laquelle leurs chapeaux sont plus moelleux et d'un noir plus intense que les nôtres,

Apprêt des chapeaux.

On donne le nom d'*apprêt des chapeaux* à l'introduction d'une colle qui, tout en laissant à l'étoffe sa flexibilité, en agglutine les parties feutrées, la rend plus consistante, plus ferme, et plus susceptible de conserver la forme qu'on lui donne ; enfin, les rend impénétrables à l'eau. La liqueur pour l'apprêt se fait ordinairement avec une solution de gomme et de colle-forte. Quelques fabricans emploient le fiel de bœuf, le vinaigre et quelques au-

tres substances; la gomme et la colle sont préférables.
Parmi le grand nombre de recettes connues, nous nous
bornerons à citer celle que M. Morel a publiée; la
voici :

Bain d'apprêt.

℞ Gomme de pays, suivant sa pureté, de 12 à 30 liv.
   Colle-forte, s. q.
   Eau. . . . . de 5 à 6 voies.

Sans suivre pas à pas M. Morel, nous dirons qu'on doit
nettoyer la gomme autant que possible, la réduire en poudre grossière, le projeter ensuite peu à peu dans l'eau
bouillante, en remuant avec une large spatule de bois;
quand la gomme est dissoute, il faut passer *la liqueur* à
travers une toile pour en séparer les impuretés. On évite
ainsi de faire bouillir pendant douze ou quinze heures,
comme le recommande M. Morel; cette ébullition est
inutile ; elle n'est que longue, dispendieuse et sans aucun
résultat. Il suffit de la faire bouillir un quart d'heure et de
l'écumer; on verse alors cette solution de gomme dans un
tonneau.

L'ouvrier prend alors la colle nécessaire, et en met la
moitié tremper dans l'eau pendant vingt-quatre heures,
et l'autre moitié dans de la solution de gomme. On fait
dissoudre séparément chacune de ces colles dans ces liqui-
des ; la solution de colle dans l'eau de gomme prend le
nom d'*apprêt de la tête*. Celle qui a été fondue dans
l'eau est unie ordinairement à parties égales avec l'eau de
gomme, et d'autres fois dans des proportions différentes,
suivant que le feutre doit être plus ou moins ferme et consistant. C'est cette liqueur qu'on nomme, en termes de
l'art, *apprêt du bord*. Voici la manière de donner l'apprêt
au chapeau :

Application de l'apprêt.

On commence par faire chauffer et entretenir à environ 5o ou 6o C°, l'*apprêt de tête;* ensuite, au moyen d'un gros pinceau, on en enduit soigneusement et bien uni l'intérieur des chapeaux qu'on a auparavant disposés sur une forte table, dite bloc, dans laquelle sont ménagés de grands trous pour recevoir la forme des chapeaux. Les chapeaux en cet état sont nommés *apprêtés de la tête;* on les fait sécher à l'étuve, et on les replace de la même manière sur le bloc. Alors on fait chauffer l'*apprêt de bord* jusqu'à 6o et 65 C°., et l'apprêteur enduit le bord de dessous du chapeau, qui présente alors la surface supérieure, au moyen d'un gros pinceau, d'une couche d'apprêt du bord, et frappe doucement du plat de la main sur les parties du chapeau ainsi enduites, en faisant tourner peu à peu le chapeau dans le bloc. Après cela, il donne une seconde couche d'apprêt, qu'il fait rentrer avec la main, comme nous venons de le faire connaître, et s'il est tombé un peu d'apprêt dans l'intérieur de la tête, on y passe *légèrement* le pinceau pour le rendre uni.

M. Robiquet décrit cette opération d'une manière qui nous a paru plus rationnelle; nous allons le laisser parler. On place à côté du bain d'apprêt un bassin en fer poli, muni de son fourneau, et recouvert sur son fond d'une toile mouillée; l'apprêteur renverse le chapeau sur le bloc, trempe la brosse dans l'apprêt, et en imprègne le bord intérieur du chapeau, en ayant soin de ne pas atteindre jusqu'au tour; il asperge fortement la toile du bassin pour développer beaucoup de vapeur; il y applique le chapeau du côté de l'apprêt, qui s'introduit à mesure que la vapeur pénètre. On retire après deux ou trois minutes, puis on replace le chapeau dans le bloc, et l'on reconnaît, en passant le plat de la main, si la surface n'est plus gluante; ce qui supposerait que l'apprêt n'a pas pénétré assez avant; alors il faudrait l'exposer à la vapeur. L'excès contraire doit être évité soigneusement; car, si l'apprêt arrive jusqu'à l'autre surface, le chapeau devient galeux; et l'on est obligé de le dégorger au savon chaud, et de re-commencer l'opération. Lorsque l'apprêt du bord est ter-miné, on apprête le chapeau en tête, en appliquant au pinceau, vers le milieu du fond, une rosette de colle-forte, qu'on recouvre sur-le-champ de deux couches d'ap-prêt, plus épais et moins chaud que celui qui a servi pour le bord, et qu'on étend sur tout le dedans du chapeau sans le faire rentrer attendu que l'intérieur de la tête est couvert par la coiffe. Ce procédé est plus expéditif que le précédent, qui nécessite d'ailleurs l'opération suivante pour son complément.

Bassin de l'apprêt et du relavage.

Ce procédé consiste à placer une plaque circulaire et convexe de fonte sur un fourneau, dont elle recouvre exacte-ment le foyer. Quand cette plaque est bien chaude, on y place une couche de paille mouillée et bien froissée, qu'on y fixe au moyen d'une triple toile d'emballage excessive-ment claire; on arrose alors cette toile avec un arrosoir très fin ou une brosse, on place le chapeau sur cette toile, et on le recouvre d'une sorte de cloche en cuivre, qui est enlevée et descendue au moyen d'une poulie. Pen-dant cette opération, la chaleur du fourneau continue à échauffer la plaque, et celle-ci transmettant son calori-que à l'eau, la réduit en vapeurs qui remplissent la cloche et font rentrer l'apprêt; on passe ainsi successi-vement tous les chapeaux à l'apprêt, en arrosant la toile chaque fois qu'on y place un nouveau chapeau. Au fur et à mesure que les chapeaux sortent du bassin, on s'em-presse de les essuyer doucement avec un morceau de toile rude bien sèche; on en dégage ensuite le poil au moyen du carrelet; on les porte alors à l'étuve pour les soumet-tre à l'opération du relavage. Cette opération a pour but de débarrasser la surface des feutres de l'excès d'apprêt qui s'y trouve et qui tient les poils collés entre eux, ce qu'on remarque chez ceux qui n'ont pas été soumis au bassin. Pour cela, on trempe les bords de ces chapeaux dans une faible dissolution de savon dans l'eau bouillante; on l'égoutte ensuite, on l'essuie, on en dégage le poil, et on le fait sécher à l'étuve pour le soumettre à l'appropriage.

L'opération de l'apprêt exige beaucoup de soins; car un chapeau mal apprêté non seulement perd de sa valeur, mais il est encore mis au rebut. La colle dite gélatine mérite la préférence sur la colle ordinaire, parcequ'on a reconnu qu'elle est plus élastique, plus forte, moins soluble et moins hygrométrique. De nos jours, le bassin de relavage est presque entièrement inusité; cependant il n'est pas sans utilité pour les chapeaux à grands bords, dits *chapeaux à cornes*: cette opération du relavage ne date que de la suppression des chapeaux ras dont l'apprêt se bornait à de l'eau gommée. Mais pour les chapeaux façon *flamande*, comme le feutre est moins serré, il a fallu nécessairement un apprêt plus *corsé*; on a donc combiné l'eau gommée avec la solution de gélatine. En Angleterre, lorsque le chapeau est apprêté, pour enlever l'excès d'apprêt qui reste à sa surface, on fait bouillir de l'eau contenant une solution de savon noir, et l'on y plonge les chapeaux jusqu'au milieu de la tête, jusqu'à ce que cet excès d'apprêt soit dissous. On opère ensuite comme nous l'avons déjà fait connaître.

Appropriage des chapeaux.

Les chapeaux parvenus au point de fabrication que nous avons fait connaître, n'ont ni ce brillant, ni cette douceur qui en constituent la beauté. Ce sont ces qualités qu'on leur donne par l'*appropriage*. Quant aux feutres destinés à la coiffure, on se borne à les passer au fer ou à les mettre en presse afin de les *catir*, comme les tissus de laine.

Nous allons transcrire les divers temps de cette opération:

Ce dressage est une opération pénible et difficile en même temps, vu que les formes sont brisées en six ou sept morceaux, et qu'il faut les introduire pièce à pièce dans la tête. Avant cela on met les chapeaux à la cave pendant un ou deux jours afin de bien ramollir le feutre; on achève ce ramollissement en le *fumant*, comme on dit, *au sabot*. Cette opération se fait en plaçant, sur le fer chaud de l'approprieur, une toile mouillée, qu'on nomme *fumerette*, et recouvrant le tout avec le chapeau qui fait l'office d'une cloche. La vapeur d'eau qui se dégage rend le feutre plus élastique. En cet état on le met aussitôt en forme, et on le tire bien soigneusement et de toutes parts, pour qu'il s'adapte bien sur toute la forme, et en conse v tous les contours; il est bon de faire observer qu'on doit assujettir le chapeau sur sa forme, au moyen d'une ficelle placée à sa base, comme dans le foulage. Lorsque ce travail est terminé, et que les bords sont bien disposés, on serre le chapeau, c'est-à-dire que l'approprieur sèche le chapeau au moyen du fer chaud. Ordinairement, il emploie deux chaleurs de fer pour la tête, et une au moins pour le bord, en ayant soin de mouiller de temps en temps le chapeau avec la *brosse lustre*; car sans cela le feutre serait creux et terne, et l'apprêt inégal, tandis qu'il doit être serré, d'un apprêt égal et brillant. Lorsqu'on reconnaît qu'il reparait encore quelques jarres, on les fait arracher. Quand le chapeau est ainsi bien sec au dehors, on le sort de la forme, et on le porte dans un local sec pour que l'intérieur se sèche également. En cet état, on fait subir aux chapeaux un nouveau ou second *serrage*, qu'on appelle *passer en second*. Cette opération tend à donner au poil tout le brillant, le lustre et le velouté possible. On passe donc alternativement au fer et à la brosse lustre, et sur la fin, pour donner plus de brillant au poil, on promène dessus un morceau de panne rembourré, qui porte le nom de *pelote*. Il est des fabri- cans qui, pour obtenir un plus beau lustre, trempent leur brosse lustre dans quelque liquide approprié au lieu d'eau. J'ai analysé quelques compositions semblables, et dans un grand nombre j'ai trouvé de la solution d'indigo, et un peu de gomme arabique dans des proportions indétermi- nées, mais que nous croyons pouvoir établir dans les pro- portions suivantes :

Eau de lustrage.

Eau pure. . . . . 25 kilog.
Gomme arabique dissoute dans l'eau. . . 4 onces.
Dissolution neutre d'indigo dans l'acide
  sulfurique . . . . 1 once.

Les chapeaux qui ont subi ce second serrage, sont por- tés en magasin; mais s'ils y restent long-temps invendus, pour leur redonner de l'éclat, on les *serre* une troisième fois. Dans ces diverses opérations, l'ouvrier doit bien faire attention à ce que le fer ne soit pas trop chaud, pour ne point brûler le poil du feutre, ou, comme on dit, *raser le feutre* ; ils doivent éviter aussi de *faire des gouttières*, ce qui a lieu quand le feutre a été trop mouillé, et qu'il a été passé ensuite au fer peu chaud et lentement, ou avec un fer chaud trop vite. Dans ce cas, toute l'eau n'étant pas vaporisée, celle qui reste détrempe l'apprêt et *fait des gouttières*. Pour les faire disparaître, il faut enlever tota- lement l'apprêt qui forme les gouttières, au moyen de l'eau savonneuse bouillante, et y appliquer ensuite un nou- vel apprêt. On pourrait aussi soumettre ces parties à la vapeur d'eau, qui ferait rentrer cet apprêt.

Du cartonnage des chapeaux.

Cette opération consiste à coller au fond du chapeau du papier fort, et un autre plus léger autour de la forme.

Elle est nécessaire. surtout quand les formes sont d'un grand diamètre ; le cartonnage sert à faire conserver au chapeau sa forme, et à le rendre plus solide ; on le pratique ordinairement avant le dressage. Nous devons faire observer aussi qu'il est beaucoup de ces chapeaux qui ne sont point cartonnés. Les marchands se bornent à y mettre un fond et un tour en papier fin.

Garniture des chapeaux.

Ce travail n'est nullement du ressort du fabricant de chapeaux, il est le partage du *marchand chapelier*, qui leur donne la tournure et la coupe convenables, les borde et y applique la coiffe, le tour, etc. Nous nous bornerons donc à dire, à ce sujet, qu'autrefois on traversait le feutre avec l'aiguille, pour y coudre le tour en cuir. Il en résultait que si le chapeau avait été atteint en teinture et que le poil fût dru ou non, il périssait par cette couture, attendu que le point coupait le feutre de deux tiers de sa circonférence. A présent, on fait un petit bâti sur lequel on coud le cuir. En Angleterre, on a inventé une espèce de couteau, qui non seulement coupe le cuir, mais encore trace tous les points de l'aiguille, ce qui rend ce travail plus court et bien moins pénible. Quelques chapeliers, en France, l'ont déjà adopté.

Telles sont les diverses opérations qu'on pratique pour les confections des chapeaux feutre. Nous allons maintenant faire connaître la plupart des améliorations qui ont été proposées. Nous commencerons par donner un extrait du mémoire de M. Guichardière, qui se trouve consigné dans les Annales de l'industrie nationale et étrangère, 1824.

Mémoire sur de nouveaux procédés pour fabriquer des chapeaux de feutre ; par M. Guichardière, *fabricant de chapeaux à Paris.*

Dans ce mémoire, M. Guichardière établit que, pour fabriquer des chapeaux à l'instar des Italiens, on peut employer les poils de lièvre de tous les pays, mais que celui de la France est préférable ainsi que ceux de la Savoie, de la Suisse, du Tyrol, de la Carinthie, de la Carniole, de la Styrie, etc., attendu que le duvet de ces peaux feutre plus énergiquement que ceux du nord. Ce travail est divisé en plusieurs paragraphes, et l'on y trouve la méthode suivie dans ce nouveau genre de fabrication.

Le premier paragraphe contient la préparation et le nettoyage qu'on fait subir aux peaux avant de les ébarber. Cette préparation consiste à gratter les poils à plusieurs reprises et à les baguetter alternativement jusqu'à ce que le duvet et le jarre soient libres, et qu'il n'en sorte plus de poussière. Cette opération sert à débarrasser le poil du sang qui salissait la peau.

Ébarbage. — C'est l'opération par laquelle on coupe avec les ciseaux le jarre à la hauteur du duvet. Cette précaution nécessite une main légère pour ne couper que le jarre sans atteindre le duvet. Sans cette préparation on aurait de la peine à avoir un feutre lisse ou uni.

Sécrétage. — Le sécrétage se fait en touchant les poils avec une dissolution de six onces de mercure dans une livre d'acide nitrique pur, étendu de seize parties de décoction de guimauve et de consoude, la décoction des plantes donnant au feutre de la douceur et aidant au feutrage. La dissolution préparée, il faut plonger la brosse dans la liqueur, et frotter les poils, par une légère pression jusqu'à ce qu'ils soient tombés des deux tiers de leur longueur, et plus s'il est possible. Il faut ensuite les faire, sécher à l'étuve à une température très élevée ; l'acide étant affaibli , le poil ne peut être brûlé.

Manière d'humecter les peaux pour les disposer à lâcher leur duvet. — Cette opération se fait au moyen d'une préparation d'eau alcaline, contenant un vingtième d'eau de chaux, avec laquelle on imbibe le cuir. On doit avoir le soin de les joindre deux à deux pour éviter que le poil ne se mouille ; on les met en tas de cinquante, on les couvre ensuite d'une planche sur laquelle on met un poids très lourd pour les passer et amollir le cuir, ce qui peut se faire en vingt-quatre heures.

Arrachage. — Pour le nouveau système de fabrication, il faut arracher les poils, ce qu'on fait en les pinçant entre la lame d'un couteau et le pouce, et par une forte pression on en fait l'extraction. On arrache le poil jusqu'à ce qu'il n'en reste plus sur le cuir, en ayant soin de séparer les diverses qualités, les poils du dos, des côtés, de la gorge et du ventre.

Observation sur la différence qui existe entre les poils arrachés et les poils coupés. — Les poils arrachés, étant obtus du côté de la racine, et privés de leurs jarres, ont plus de difficulté à produire le feutre ; leur action doit être plus lente que celle des poils coupés, mais ils produisent des chapeaux brillans et solides. Beaucoup d'opérations primitives pour le système de préparation des chapeaux par ce nouveau moyen, sont plus pénibles, mais on a l'avantage d'utiliser le poil commun du ventre de lièvre, qui est de très peu de valeur. De plus, par ce procédé, jamais un chapeau ne dépérit sous la main de l'ouvrier ; plus il le travaille, plus il a de brillant, et plus il est semblable dans toutes ses parties.

Arçonnage et bâtissage de la première qualité. — Sous ce nom on comprend les opérations de peser le poil nécessaire suivant la force que l'on veut lui donner, puis à mêler à ce poil un gros de belle vigogne rouge. On met le tout sur la claie, et on mêle avec l'arçon jusqu'à ce que le mélange soit d'une même nuance, et que tous les corps étrangers et ordures soient séparés.

Les choses ainsi arrangées, on ôte la claie, on nettoie la table, et on la mouille pour aider à l'adhérence des poils. On divise la matière en deux parties égales pour former deux pièces; on les arçonne, et on a le soin de les étendre le plus possible, et de les faire très hautes. Avant de les commencer il faut ouvrir l'étoffe, bien diviser les poils, extraire toutes les petites ordures qui auraient pu échapper aux premières opérations, les rendre plus maniables, afin d'avoir plus de facilité à les étendre dans la toile feutrière; et lorsque ces mêmes parties sont marchées par une forte pression au bassin, il faut faire un chapeau très grand, étroit et haut en même temps; l'assiette et le flanc de forme mince, la carre passablement forte, de même que le lien et l'arête déliée. Lorsque le chapeau est également étoupé, il faut avoir soin de rendre les poils bien adhérens, c'est-à-dire qu'il faut que le bâtissage soit assez feutré pour pouvoir brosser le plus tôt possible à la foule.

Foulage. — Le foulage du chapeau se fait dans un bain très acidulé au moyen de la crème de tartre, et de la décoction d'écorce de chêne. On y trempe le chapeau, quand il est à l'ébullition; on a soin qu'il soit bien imbibé partout; si quelque partie ne l'était pas, on y suppléerait par la brosse; on foule deux ou trois croisées sans conserves, à roulement clos, sans tremper beaucoup, et, lorsque le feutre est bien formé, on emploie la pression de la brosse; mais, avant, il faut bien nettoyer son chapeau en frottant avec la main nue; le feutre étant encore tendre, les jarres s'échappent plus facilement que lorsqu'il est plus formé. On continue le foulage de manière à rendre le chapeau assez petit pour pouvoir le mettre sur la forme.

La deuxième qualité se fabrique avec plus de peine que

la premières; elle se fait avec les poils de côté, et les plus beaux de ceux des gorges, qui ont moins d'action feutrante que les poils du dos. On y ajoute un gros de belle vigogne, et on dore le chapeau au bassin, d'une once et un quart de poil du dos sécrété. Cette addition donne de la solidité et de la beauté en même temps. La foule en est pénible, attendu que la dorure du poil sécrété et arraché, ride très long-temps.

La troisième qualité, analogue à la précédente, se fait avec le poil commun du ventre et deux gros de vigogne, et on dore avec une once et un quart de poil du dos sécrété. Ces chapeaux ont besoin d'être vigoureusement foulés, car il est difficile de faire passer la ride.

Dressage. — Pour cette opération, le travail est le même que pour celui des autres chapeaux. On doit toujours former le chapeau à l'eau chaude et claire. Cette précaution force le chapeau à tirer sa couleur, et facilite son éclat.

Le tirage doit être fait avec attention. On doit se servir d'un carrelet très doux, et employer une légère pression, pour ne pas décomposer le feutre et faire un rebut.

Teinture. — Les chapeaux ainsi préparés sont plus faciles à teindre que ceux fabriqués par le moyen ordinaire, attendu que la lie du vin pressée contient deux principes, l'un acide, l'autre alcalin. Le premier sert à faire feutrer, et le second facilite les poils à donner du brillant; ce qui fait que le chapeau a plus d'aptitude à tirer sa couleur. Le plus fin est toujours le plus noir, et le plus grossier l'est moins. Il faut, selon M. Guichardière, avoir soin que les sels employés à la teinture ne soient pas avec excès de fer, l'excès de fer nuisant à la beauté de la couleur, ce qui n'a pas lieu par un excès d'acide. Il faut, pour tourner le bain, une température douce, et donner huit à dix feux. Sans cette précaution on altèrerait la deuxième qualité, et l'on brûlerait la troisième. Il faut avoir de l'eau bouillante pour dégorger les chapeaux ; sans cette précaution les chapeaux sont ternes et pleins de poussière. Il faut les faire sécher au moyen d'une chaleur douce, dans une étuve, où l'on ne place les chapeaux qu'après la combustion.

L'appropriage du chapeau est moins facile à dresser, attendu que le feutre est plus nerveux ; mais en récompense on a moins de peine à l'éjarrage, puisqu'il y a beaucoup moins de jarre à extraire que dans les chapeaux fabriqués par le procédé ordinaire. M. Guichardière a également fait connaître dans le même journal (année 1825), la méthode suivie par des Anglais en France, la voici :

Onzième notice sur un nouveau genre de chapeaux en feutre établi en France par des fabricans anglais ; par M. GUICHARDIÈRE.
(Annal. de l'indust. nation. et étrang., août 1825, page 207.)

Depuis trois ou quatre ans environ, les Anglais ont établi à Caen (Calvados) une fabrique de chapeaux économiques, tels qu'on en fabrique en Angleterre, et aux États-Unis. Tous les ouvriers employés dans cette fabrique sont Anglais, aucun Français n'y est admis. Voici quelle est à peu près leur manière d'opérer.

Première opération. — Ils emploient les laines d'agneaux de tous les pays, mais préférablement celles de Sologne. Ils donnent à ces laines une préparation préliminaire, en les laissant macérer soit dans l'urine putréfiée, soit dans une décoction riche en tannin ; c'est-à-dire, dans toutes les décoctions qui ont la propriété de donner aux laines une action rentrante et feutrante. Le fond, qui doit former la base du chapeau, est tout laine, matière très grossière à la vérité, mais qui a l'avantage de produire un chapeau solide en raison de sa force. Lorsque le fond est bâti, ils le foulent dans une dissolution de gravelle (où tartre brut), qui a le double avantage de faire rentrer et feutrer en même temps, en raison de son principe astringent. Avant de porter les chapeaux à la foule, ils ont soin de les faire bouillir dans une des décoctions ou dissolutions citées plus haut, et après les avoir foulés ils les font bouillir de nouveau dans des bains astringens, pour que les pores du feutre soient aussi serrés que possible. Après cette opération ils les flambent et les nettoient avec la brosse, de manière qu'il ne reste au fond ni ordures, ni poils brûlés.

Deuxième opération. — Pour produire le velu qui convient à la surface de ces fonds, ils emploient le poil de lapin de garenne, et de préférence celui de Bretagne. Avant de l'employer, ils le font ébarber et couper comme le poil de lièvre, et ils le rendent adhérent par le même moyen que nous employons pour le lièvre et pour le castor, sur des fonds composés avec des matières plus fines, avec cette différence cependant, que, lorsque la dorure est adhérente, ils ont soin de la couvrir d'une couche ou dorure de coton qui force la première dorure à adhérer au fond, mais qui ne s'adhère pas elle-même, puisqu'il est vrai qu'à l'opération du foulage, elle s'est en partie détachée, et à celle du sansouillage elle se sépare tout-à-fait à mesure que la vraie dorure se développe. Après cette opération qui ouvre les pores du feutre, et donne une grande facilité à mettre le chapeau sur la forme, la plus grande difficulté dans ce nouveau genre de fabrication, est de trouver un moyen de bien tendre le chapeau. Le fond peut, à la vérité, résister à la haute température du bain, mais la dorure n'y résiste pas. Il y a une différence totale entre ces chapeaux et les chapeaux mi-poils dont le fond est composé avec des matières communes en lièvres et lapins. Le fond de ces derniers est garanti par la dorure, tandis que dans les autres, la dorure est garantie par le fond.

Pour obvier à l'inconvénient de la teinture, l'auteur pense qu'il serait plus à propos d'employer le fer dissous par le vinaigre (ou l'acétate de fer), moins corrodant que le même métal, dissous par l'huile de vitriol (le sulfate de fer); il faut employer le cuivre préférablement au fer, c'est-à-dire, qu'il faut éviter, ou n'employer qu'avec modération, tout ce qui peut nuire à la matière. L'auteur fait observer que ce genre de fabrication convient parfaitement pour la pacotille, et qu'il serait en outre très utile pour la consommation de notre poil de lapin.

Nouveaux moyens de fabriquer les chapeaux ronds; par PERRIN. (Brevet d'invention de cinq ans.)

Jusqu'à présent les chapeliers ont été dans l'usage de faire les chapeaux sur des formes rondes, quoique la tête présente un ovale plus ou moins régulier. Cette figure a le désagrément de blesser, tant que la tête n'a pas donné sa forme à l'entrée du chapeau.

Les bords des chapeaux ordinaires ont encore le désavantage de se trouver sur un même plan, ce qui gêne ceux qui les portent; on se contente seulement de les courber un peu par un coup de fer; mais bientôt après ils prennent leur forme plane.

Pour remédier à ces deux inconvéniens, je dresse les chapeaux sur une forme ovale, et je donne une forme arquée à la partie qui en fait le bord. Par ce moyen la tête n'est pas gênée dans le chapeau, et les oreilles sont libres et dégagées.

Explication des figures.

Fig. 14. Chapeau teint, apprêté et ramolli à la vapeur de l'eau chaude, qui doit être fabriqué avec deux lippes A, opposées, destinées à former le prolongement de la forme devant et derrière.

Fig. 15. Forme à ballon brisée, vue de face; elle est ronde par le haut, et se termine en ovale par sa base. C'est sur cette forme que l'on place le chapeau apprêté, *fig.* 14.

Fig. 16. La même forme vue de profil.

Fig. 17. Selle vue de profil; elle est disposée pour recevoir la forme *fig.* 15.

Fig. 18. La forme à ballon montée sur sa selle et vue de profil.

Fig. 19. La même forme vue de face.

Fig. 20. Le chapeau monté sur sa forme à ballon après qu'il a été choqué, que les bosses sont détruites et le lien formé; il est ajouté sur une seconde selle courbe B, vue de face, sur laquelle on abat et on étend à plat le bord du chapeau. La forme est fixée sur la selle au moyen de deux chevilles.

Fig. 21. La figure précédente vue de face.

Fig. 22 et 23. Elévation et coupe horizontale de la presse.

C. Pièce de bois qui forme la presse, et qui fait pression, au moyen de la vis D, sur le chapeau E placé dans le châssis.

F. châssis ouvert pour introduire le chapeau.

Fig. 24. Fer à repasser le bord du chapeau sur le châssis de la presse.

Fig. 25. Moule en cuivre, vu de profil; il sert à relever le bord du chapeau.

Fig. 26. La figure précédente vue de face.

Fabrication des chapeaux, perfectionnée par BORRADAILLE. (*London journal of arts, juillet* 1826, *page* 353.)

Le corps des chapeaux d'hommes dont le dehors est recouvert de poils de castor ou autres, est ordinairement composé de laine cardée, et enlacée à la main sous la forme d'un bonnet conique, susceptible de prendre différentes autres formes selon la mode et à l'aide de moules préparés à cet effet.

L'auteur a eu pour but de préparer à la mécanique les corps des chapeaux : pour cela, il a imaginé deux cônes tronqués, appliqués, base à base et tournant ensemble. Deux autres cônes tronqués de la même hauteur, mais dont la base est plus petite, tournent chacun sur son axe et entraînent dans leur mouvement, le double cône sur lequel ils appuient légèrement. Une mèche de laine sortant d'une machine à carder est étalée, et passe entre le grand double cône et les petits ; elle s'enroule autour du premier, et un petit mouvement de va-et-vient imprimé à celui-ci croise les filamens et fait une sorte de feutrage. Lorsque l'épaisseur est suffisante, un instrument tranchant coupe l'étoffe à la jonction des bases du double cône, et on obtient ainsi deux bonnets coniques prêts à former des chapeaux.

Perfectionnement dans la fabrication des chapeaux. Patente à Th. CHAMING MOORE. (*London Journ. of arts, avril* 1829, *p.* 26.)

Ce perfectionnement consiste dans la construction et l'emploi de machines à l'aide desquelles une série de filamens de laine ou autre matière convenable, est prise d'une carde et enveloppée à l'entour d'un moule pour confectionner la coque ou la forme de deux chapeaux où bonnets en une seule opération. La forme de ce moule est cylindrique, d'environ quinze pouces de long, et douze pouces de diamètre; ses extrémités coniques sont arrondies à leur sommet, et font une saillie d'environ dix pouces à chaque bout du cylindre. Ce moule, disposé pour tourner sur son axe, est porté sur un chariot qui a un mouvement de va-et-vient en tête du cylindre étireur de la machine à carder. Lorsqu'il a été recouvert d'une suffisante quantité de filamens de laine ou autre matière, on coupe ce tissu circulairement vers le milieu du cylindre, et on le fait glisser vers chacune de ses extrémités; on obtient par ce moyen deux chapeaux ou bonnets, qui, travaillés suivant les procédés connus, sont susceptibles de prendre la forme que l'on donne aux chapeaux ordinaires. Le moule doit être aussi léger que possible, afin qu'il puisse tourner facilement; l'auteur conseille, à cet effet, de le faire creux et en bois léger.

Méthode pour vernir les chapeaux de manière à les rendre imperméables à l'eau.

957. MM. Ritchard et Francs ont pris dernièrement une patente pour la méthode suivante de rendre les chapeaux imperméables à l'eau. Les ingrédiens employés sont si nombreux qu'ils ne présentent pas d'économie. Nous désignerons par des italiques ceux que cette composition renferme d'utiles, en faisant observer que la quantité d'alcool doit être en proportion.

On prépare l'extérieur du chapeau avec les matières ordinaires, on le teint, et on le forme. Lorsqu'il est parfaitment sec, on le traite à la surface intérieure avec la composition suivante :

Une livre de *gomme kino*, huit onces de gomme élémi, trois livres de *gomme oliban*, trois livres de gomme copal, deux livres de *gomme de genièvre*, une livre de gomme *ladanum*, une livre de gomme mastic, dix livres de laque et huit onces d'encens. On broie toutes ces matières, et on les mêle ensemble ; ensuite on les délaie dans un vase de terre où l'on a mis quatre litres environ d'alcool, et on agite fréquemment.

Lorsque tous ces ingrédiens sont bien dissous, on ajoute au mélange une pinte d'ammoniaque liquide et une once d'huile de lavande, avec une livre de *gomme myrrhe*, et de *gomme opopanax*, *que l'on a fait dissoudre dans trois pintes d'esprit-de-vin.*

Toutes ces matières parfaitement incorporées et bien dissoutes, constituent *le mélange à épreuve*, avec lequel on traite l'intérieur du chapeau.

Lorsque l'extérieur est teint, formé et parfaitement sec, on vernit par le moyen d'une brosse sa surface intérieure, et le côté inférieur du bord, avec cette composition. On met ensuite le chapeau dans un séchoir, on répète plusieurs fois cette opération, en prenant soin que le vernis ne pénètre pas la pièce, de manière à paraître de l'autre côté. On donne issue à la transpiration de la tête au moyen de petits trous pratiqués dans la couronne du chapeau : le poil de castor, etc., est disposé à la manière ordinaire, et le vernis de copal est appliqué sur le côté opposé.

CHAPEAUX FAITS AVEC LE DUVET DES CHÈVRES DE CACHEMIRE.

Rapport fait par M. de Lasteyrie, *au nom du comité des arts économiques, sur le duvet de chèvres des Hautes-Alpes.*

M. Serres, sous-préfet à Embrun, département des Hautes-Alpes, a adressé à la société d'encouragement un chapeau, deux échantillons de feutre, et un petit échantillon de tricot, le tout fabriqué avec le duvet de chèvres indigènes.

Le chapeau est parfaitement confectionné, le feutrage en est égal, solide, ferme et élastique : la teinture est d'un beau noir et paraît être solide, mais elle n'a pas le brillant que l'on trouve dans les chapeaux de poil de lapin. Le chapelier de Lyon qui l'a fabriqué croit que la teinture détruit le moelleux et le brillant du poil. On voit, en effet, pour les deux échantillons de feutre pris sur le même morceau, que celui qui a passé à la teinture est dur et raide, tandis que celui qui n'a pas subi cette opération est beaucoup plus souple et plus moelleux. Ce genre de chapeau manque aussi du beau brillant que donne le poil de castor ou celui de lapin, mais il serait facile d'obtenir cette qualité, par le mélange de l'un de ces poils avec le duvet de chèvre. Il est encore à remarquer qu'à dimensions égales, le poids d'un chapeau de duvet de chèvres est moindre d'un huitième, comparé à celui d'un chapeau fait avec du poil de lièvre. Au reste, il paraît que l'emploi du duvet de chèvre dans la chapellerie est connue depuis long-temps sous le nom de Chevron d'Abyssinie; il a été reconnu qu'il fortifie beaucoup le feutre.

Il résulte de tous ces faits qu'on peut fabriquer d'excellens chapeaux avec le duvet de nos chèvres indigènes, et tout porte à croire qu'ils auront autant de solidité et de durée que les chapeaux ordinaires. Le prix de fabrication est à peu près le même.

La matière qui entre dans celui qui vous a été envoyé est estimée par le chapelier de Lyon à . . . 6 fr. 90 c.

Le feutrage à. 3   30

La teinture, apprêt et garniture, à . . . 5   »

Total . . . . 15 fr. 20 c.

En évaluant les bénéfices de fabrication à environ un quart, on aura des chapeaux qui reviendront à 20 ou 21 fr,

M. Serres a aussi envoyé un petit échantillon de tricot, dont la finesse, le soyeux et surtout la mollesse, sont très recommandables. C'est encore un genre d'industrie qui mérite l'attention des fabricans, et qui peut s'appliquer aux autres parties de la bonneterie; enfin l'expérience lui a appris que l'on peut, en avisant les races indigènes avec les chèvres d'Asie, obtenir des produits aussi fins et aussi abondans que ceux qu'on retire de ces dernières.

Nous pensons que la société d'encouragement doit re-remercier M. le sous-préfet d'Embrun, pour le zèle actif qu'il a montré en cherchant à donner une nouvelle impulsion à notre industrie, et le prier de vous faire connaître, ainsi qu'il le propose, la méthode qu'il emploie pour extraire le duvet des chèvres.

Signé DE LASTEYRIE, rapporteur.

Adopté en séance, le 9 mai 1822.

Façon de fabriquer les chapeaux de poil de loutre, par M. TROUSIER.

Pour préparer les peaux, on commence par faire arracher le jarre de dessus la peau; c'est un poil commun qui n'est bon à rien, ensuite on frotte la peau avec de l'eau-forte apprêtée avec du mercure; on la prépare en mêlant, pour une douzaine de peaux, trois onces de mercure par livre d'eau-forte: on le fait digérer au bain-marie pendant six heures. Ensuite on met trois livres d'eau de rivière par chaque livre d'eau-forte apprêtée, et on en frotte ladite peau.

On la laisse pendant quarante-huit heures avant de la mettre sécher aux étuves, on a soin de la couvrir avec une toile sur laquelle on met quelque chose de pesant, pour qu'elle soit bien imbibée, et que le secret ne s'évapore point.

On met la peau dans une cave pour qu'elle se ramollisse et qu'on puisse en couper le poil.

Le poil étant coupé, on met trois onces de ce poil de loutre sécrété, et deux onces de poil veule naturel, une demi-once de castor sécrété, et une demi-once de vigogne fine rouge; on carde le tout ensemble, ce qui fait six onces d'étoffe pour faire un chapeau.

On partage les six onces d'étoffe en quatre parties égales que l'on arçonne l'une après l'autre; les quatre capades étant faites, il reste environ une demi-once d'étoffe qui sert à ce que l'on appelle travers, qui se met en deux parties pour former le lien du chapeau; il faut que l'arçonnage donne une étoffe très unie pour en former les quatre capades, et qu'il n'y ait pas quatre poils ensemble, attendu que cela ferait un défaut dans le chapeau.

On commence par prendre deux capades, entre lesquelles on met du papier pour qu'il n'y ait que la tête et les côtés qui tiennent ensemble.

Cet assemblage se fait dans une toile qu'on appelle feutrière, dans laquelle on commence à faire feutrer; ensuite on développe la feutrière, ce qui fait le commencement du chapeau.

On y ajoute le travers pour donner de la force; après cela on arrose avec un goupillon sur le travers; on pose ces deux dernières capades, et on enveloppe le tout dans la feutrière pour que le tout se trouve feutré ensemble.

On prend ledit chapeau, on le trempe dans un seau d'eau froide, attendu que l'eau chaude le ferait feutrer trop vivement, et on le met à la foule, on verse dans une chaudière trois seaux d'eau dans laquelle on met un demi-seau de lie de vin pressée; on fait bouillir cette eau, dans laquelle on foule le chapeau environ quatre heures.

Par intervalle il faut avoir le soin de retourner le chapeau pour l'épuiseter et le frotter avec une brosse, et lorsque le chapeau a assez de travail, on le dresse sur une forme à l'ordinaire, sur laquelle on le fait sécher.

Composition d'une seconde qualité de chapeaux.

Deux onces et demie de castor sécrété, une demi-once de loutre sécrétée, deux onces et demie de loutre veule, une demi-once de vigogne fine.

Les chapeaux de trois quarts castor sont composés de trois onces de lièvre sécrété, une demi-once castor sécrété, une demi-once de vigogne fine.

Pour la dorure, une once et demie de castor veule.

Mélange des demi-castors.

Deux onces et demie de lièvre sécrété, une once et demie de lapin veule, une once de lapin sécrété, deux gros de vigogne fine.

Pour la dorure, une once de castor veule.

Pour sécréter le castor, le lièvre et le lapin, je mets deux livres d'eau de rivière et une livre d'eau forte apprêtée avec la même quantité de mercure, comme j'ai marqué ci-dessus.

Ma nouvelle façon de fabriquer mes chapeaux castor, trois quarts castor, demi-castor et autres, donne beaucoup plus de solidité et de finesse aux chapeaux, parceque je mets ma dorure entre mes capades en baissant mon chapeau, et par ce moyen le castor se trouve bien incorporé et bien pénétré, et que la ponce ni la robe ne peuvent point l'endommager; cela fait que le castor paraît dessus et dessous également; que les chapeaux sont aussi beaux, après les avoir repassés et retournés, qu'étant neufs, et ne sont point sujets à prendre l'eau, ce qui est une chose essentielle pour le public. La différence est, que tous les fabricans de chapeaux ne mettent leurs dorures que quand le chapeau est avancé de travail à la foule; par ce moyen la dorure ne reste que d'un côté, et ne peut pas pénétrer dans le chapeau, ce qui fait que la dorure se trouve à moitié coupée par la ponce et emportée par la robe, et, quand on retourne le chapeau, il se trouve beaucoup plus commun et de bien moins d'usage.

Méthode de fabriquer des chapeaux mêlés de soie ; par M. Miraglio de Paris.

Manipulation.

On prend le cocon de semence qui n'a pas été étouffé dans le four, et on le carde, ce qui produit un poil que l'on coupe au sortir de la carde sans aucun autre apprêt, de la longueur de dix-huit lignes ; on mélange deux onces quatre gros de ce poil ainsi coupé, avec une once six gros de lapin sécrété, six gros de plume de lièvre sans secret, et six gros de roux de lièvre ; on carde le tout ensemble ; on arçonne ; on réunit le poil en la forme de chapeau de la grandeur que l'on désire ; on serre le chapeau à l'arçon, et on le foule à la manière ordinaire.

Le chapeau fabriqué passe à la teinture, où il prend un beau noir ; enfin on lui fait subir l'apprêt ordinaire, qui se fait avec beaucoup plus de succès.

Par ce procédé, on obtient un chapeau beaucoup plus léger, plus beau, très moelleux, plus durable et moins sujet à prendre l'eau. A la vérité, on est obligé de mélanger, soit avec du poil de castor, de lièvre ou de tout autre animal, mais par moitié seulement.

Le poil de cocon se manipule très bien avec le poil des animaux, il a même l'avantage de donner plus de force et plus de lustre. Comme il est beaucoup plus long, on est dispensé de le passer au sécrétage du mercure et de l'eauforte ; opération pernicieuse pour les ouvriers.

M. Robiquet, dans son excellent article du Dictionnaire technologique, sur l'art du chapelier, avait annoncé que M. Guichardière était parvenu à faire un feutre excessivement léger et fin, avec le poil de la loutre marine. Ce fabricant lui a écrit depuis pour lui dire qu'il avait commis une erreur, et qu'il avait seulement recouvert les chapeaux avec ce poil, ce qui est différent. M. Robiquet croit être certain de ne pas s'être trompé. En preuve, il cite le passage du Mémoire de M. Guichardière, inséré dans les Annales de l'industrie, pour 1824, dans lequel il annonce ce fait en ces termes : *Qu'il était parvenu à feutrer des poils d'ours marin, etc.* S'il a voulu répudier sa découverte, M. Trousier a bien fait de s'en emparer et de la porter plus loin.

Enfin, M. Lousteau a obtenu un brevet de perfectionnement de cinq ans, pour des chapeaux composés d'une matière filamenteuse quelconque, revêtue d'un apprêt de gomme et de colle-forte, et recouverte d'un tissu imitant le castor, sur lequel est appliqué un enduit composé d'huile de lin, de céruse et de litharge.

FABRICATION DE CHAPEAUX D'HOMMES ET DE FEMMES, EN PLUMES DE VOLAILLES ; PAR M. MASNIAC. (Par brevet d'invention du 14 août 1824.)

Description du procédé.

On prend un petit anneau, dans lequel on passe quelques plumes, que l'on serre entre deux fils à l'aide d'un nœud qui ne peut se desserrer. On commence par huit ou dix fils attachés à un petit morceau de cuir rond ; on les double à proportion que l'ouvrage grandit : ce cuir tourne verticalement devant l'ouvrier pour faire le fond et le bord, et se meut horizontalement pour former le corps du chapeau ; on place des plumes à chaque nœud, qui doit serrer les tuyaux.

On obtient, de cette manière, des chapeaux plus chauds que ceux dont on se sert ordinairement ; qui ne pèsent que quatre onces et qui, outre l'avantage d'être imperméables, ont encore celui de ne pas se déformer, de ne pas perdre leur lustre, et de durer bien plus long-temps que les autres.

Premier brevet de perfectionnement et d'addition pour le mécanisme suivant, propre à la confection des chapeaux en plumes de volaille.

Ce mécanisme est formé d'un cadre en fer, représentant la forme du chapeau, et que l'on peut rendre plus grand et plus petit, suivant la grandeur des chapeaux. Du côté où se fait le travail, sont deux cylindres qui servent de montant et qui sont rapprochés de manière à ce qu'il ne puisse passer qu'une seule plume entre eux. L'ouvrier fixe la plume d'une main, et de l'autre il coud, avec une aiguille et du fil, les plumes les unes contre les autres, en ayant soin, avec la pointe de l'aiguille, de passer le duvet en dehors. L'ouvrage tourne devant l'ouvrier entre les deux cylindres, qui donnent l'uni et la forme demandée. On peut faire usage de tous les points demandés dans la couture pour la confection d'un chapeau de plumes ; on se sert aussi du fil de laiton, mais il a l'inconvénient de rendre l'ouvrage plus pesant.

Les chapeaux de plumes de volailles peuvent être appropriés de la même manière que ceux de feutre, et avec de l'eau gommée, que l'on applique dessus pour lier le duvet, sur lequel on passe ensuite le fer ; on leur donne l'uni et le luisant du verre.

Deuxième brevet de perfectionnement et d'addition, du 7 avril 1826.

La plume destinée à la confection des chapeaux doit être teinte, à moins qu'on ne l'emploie dans sa couleur naturelle. On prend les plumes les unes après les autres, on colle la pointe jusqu'au duvet ; on met cette pointe collée sur une autre pointe, que l'on enfonce dans une petite rainure qui se trouve en dedans d'un cercle, soit en

bois , fer-blanc ou plomb , etc. Ainsi , cette préparation
de la plume renferme de l'apprêt dans le corps de l'ouvrage , et tourne le duvet du même côté. Pour confectionner le bord du chapeau , on colle les plumes les unes sur
les autres , sans rainure , et le duvet reste des deux côtés ,
ce qui fait poil en dessus et en dessous du bord. La plume
ainsi préparée et collée , forme des rubans de la longueur voulue , que l'on peut aussi obtenir avec du fil fin.
L'ouvrier coud ces rubans en tresses les unes sur les autres , en mettant le duvet en dehors pour le corps du chapeau , et pour le bord il le laisse des deux côtés. On peut
encore préparer les plumes de bien des manières , en les
collant sur de la paille qu'on a enveloppée de duvet , soit
sur de l'osier, de la baleine, du cordonnet ; soit sur toute
autre espèce de corps solide et léger. On peut même , avec
les rubans de plumes , faits à la colle ou avec du fil , obtenir des tissus avec une trame d'une matière filamenteuse
quelconque ; l'étoffe qu'on se procurera de cette manière
pourra être employée avantageusement pour coiffure ou
autres objets quelconques , suivant les goûts et les modes.
On peut aussi tisser de la plume dont a arraché le duvet
qui tient à une pluïole , et qui, mise avec attention dans
une trame , produit encore une belle étoffe. L'auteur
ajoute que le mécanisme qu'il a décrit dans son premier
brevet de perfectionnement, n'a pas donné tous les résultats qu'il en espérait.

*Troisième brevet de perfectionnement , etc., du 27 octo-
bre 1826.*

La grande solidité qu'ont les chapeaux de plumes de volaille, fait que les procédés par lesquels on les obtient peuvent s'appliquer avec avantage à la chaussure et autres
objets d'utilité. Le duvet de plume peut être déchiré et
tissu avec une trame, pour obtenir une étoffe qui, appliquée sur papier imperméable, carton ou tresses , produit

des chapeaux légers, imperméables, dégagés des côtes et tuyaux de la plume. Le duvet coupé contre la côte, mêlé avec du poil de toute espèce et sécrété, se feutre et donne de jolis chapeaux. Toute espèce de fil, de quelque matière qu'il soit, imbibé de colle, gomme, etc., qu'on plonge dans du duvet, qui s'attache et se tortille autour par un mouvement de rotation, qu'on passe ensuite dans un tuyau d'une grosseur convenable, plus étroit du côté où l'on tire le fil, qui se trouve totalement enveloppé de duvet, et qu'on tisse ensuite avec une trame de matière filamenteuse quelconque, donne une étoffe qui peut être employée à une infinité de choses utiles. Les chapeaux se confectionnent alors comme ceux de soie et de peluche. On colle cette étoffe sur papier, toile, et l'on coud les bords et le fond.

On peut, à l'aide d'un métier fait exprès, tisser en rond le duvet préparé comme on vient de le dire ; dans ce cas le chapeau se trouve sans couture.

TROISIÈME PARTIE.

CHAPEAUX DE SOIE OU MIEUX DE PELUCHE DE SOIE.

Les chapeaux de soie sont remarquables par leurs belles couleurs, leur luisant, leur élégance et leur beauté. Les noirs surtout offrent un brillant qui nous paraît bien supérieur à celui des chapeaux à feutre. Comme à ces derniers, on leur donne aisément toutes les formes qu'on désire; mais ils ont par-dessus les feutres le précieux avantage d'être plus légers, d'une aussi longue durée, d'un aspect plus agréable (1), et d'un prix bien inférieur. Les chapeaux de soie étaient usités depuis bien du temps en Espagne avant d'être connus en France. Ce n'est guère que depuis le commencement du dix-neuvième siècle que nous avons commencé à en adopter graduellement l'usage : rigoureusement parlant, l'on peut dire même que cet usage n'est devenu général que depuis l'exposition de 1823. Les chapeaux de soie espagnols sembleraient attester encore l'enfance de cet art; mais grâce aux heureuses tentatives de quelques industriels français, ce genre de fabrication a acquis un tel degré de perfectionnement, et une si grande importance qu'en été le rentier et le fashionable ont généralement adopté les plus belles qualités, et que les secondaires sont maintenant vendues à toutes les classes de la société.

---

(1) Les chapeaux de soie pour homme l'emportent par leur beauté sur tous les chapeaux de feutre, à l'exception des premières qualités qu'on paie ouvrés de 30 à 35 francs, tandis que les plus beaux chapeaux de soie ne coûtent pas au-delà de 12 à 18 francs, tant noirs que gris ou de diverses autres couleurs de fantaisie.

Parmi les fabricans français qui ont puissamment contribué au perfectionnement de ce genre d'industrie, nous
aimons à citer un des plus habiles chapeliers de Paris,
M. Fontés, rue de la Harpe, dont les chapeaux de soie
imperméables le disputent par leur beauté, leur élégance
et leur prix à tous ceux des autres fabricans de la capitale,
comme on a pu en juger par ceux qu'il exposa en 1827;
un de ses chapeaux entre autres était plongé devant
les spectateurs dans un baquet plein d'eau sans être en pénétré. M. Fontés n'a jamais pris de brevet d'invention;
cette modestie de sa part est cause que bien des gens se
sont emparés d'une partie de ses procédés, car nous devons ajouter que M. Fontés est très communicatif.

Les chapeaux de peluche de soie exigent deux opérations.
On fait d'abord la carcasse du chapeau soit en carton, soit
en toile très forte de chanvre ou de coton, et ensuite de
diverses couches de vernis. Cependant c'est presque toujours en carton qu'on les fait d'abord et sur lequel on colle
(avec une colle rendue imperméable) une toile qu'on recouvre de plusieurs couches de vernis également imperméable. Quand la carcasse du chapeau est ainsi préparée,
on y colle ensuite la couverture en peluche, après l'avoir
convenablement disposée et cousue. Le chapeau étant
ainsi préparé on borde les ailes, on y adapte la coiffe et on
le passe au fer comme les chapeaux de feutre.

Il est inutile de dire que chaque chapelier a son vernis
imperméable particulier, et son mode de préparation de la
carcasse, qu'il croit bien supérieur à celui de ses confrères;
mais nous qui ne sommes mus par aucun motif d'intérêt,
nous devons assurer, dans l'intérêt de l'art, que tous ces
vernis ou enduits imperméables doivent cette propriété à
la cire, à des solutions résineuses dans l'alcool ou l'essence
de térébenthine, incorporées dans la colle d'amidon, de
gomme arabique, de gélatine, etc. Sans entrer dans de
plus grands détails, nous croyons ne pouvoir mieux faire

connaître les procédés suivis par les meilleurs fabricans qu'en décrivant ici les brevets d'invention obtenus à ce sujet.

Nouveaux procédés pour la fabrication des chapeaux de soie ; par M. John Wilcox. (Par brevet d'invention.)

Le corps ou le feutre de mes chapeaux est composé de deux étoffes d'une force suffisante, l'une en toile de coton et l'autre en gros velours, connu sous le nom de panne ou peluche.

Je coupe des bandes de toile de coton, d'une largeur de six pouces environ, suivant que je veux donner plus ou moins d'élévation à mon chapeau et d'une longueur relative. Je réunis les deux bouts de ces bandes, par une couture juste et serrée, et je fais ajuster dans la partie supérieure un morceau de la même toile, d'un diamètre égal à celui de mes formes.

Je fais des formes de peluche de la même manière, ayant soin de former les coutures du côté du tissu, placé en dedans.

Mes formes ainsi disposées, j'enduis extérieurement celle de coton et intérieurement celle de peluche, c'est-à-dire du côté du tissu, d'une colle composée moitié de colle ordinaire et moitié de colle de Flandre. Je prends alors une forme de toile de coton et une forme de peluche ; j'habille la première avec la seconde, les disposant de manière que les fonds des deux formes se correspondent parfaitement. J'introduis ensuite dans ces deux formes réunies un mandrin en bois composé de quatre pièces et un coin, tels que ceux employés par les chapeliers sous le nom de formes brisées. J'enfonce le coin autant qu'il est nécessaire pour m'assurer qu'il ne reste aucun pli, et que l'adhérence des surfaces des deux formes est parfaite.

Arrivé à ce point, je les laisse sécher pendant trois ou quatre jours, même plus, suivant la saison et le degré de température de l'atmosphère.

Les bords du chapeau se font des mêmes étoffes et à peu près de la même manière, avec cette différence seulement que la toile de coton est recouverte des deux côtés de panne qu'on y fixe fortement par l'encollage et au moyen d'une presse : on ne les attache à la forme que quand tout est sec, et par une couture proprement faite.

Pour faire des chapeaux très légers, j'emploie, au lieu de toile de coton, un tissu formé de filamens déliés de bois de saule.

On voit que, d'après mes procédés, les soies qui garnissent le chapeau ne peuvent être que solidement attachées et également réparties sur toute sa surface, puisqu'elles font partie du tissu même qui compose le corps du chapeau.

Procédé de fabrication de chapeaux d'hommes et de femmes, en soie feutre imperméable.

(Brevet d'invention et de perfectionnement de cinq ans accordé, le 31 décembre 1821, aux sieurs MIERQUE (Jacques François), propriétaire, et DRULHON, négociant, tous deux à Anduze, département du Gard.)

Le feutre qui compose ces chapeaux est formé de bonne laine d'agneau, que l'on foule ; on lui donne la forme comme à l'ordinaire. Le chapeau ainsi préparé, on l'enveloppe d'un papier imbibé d'une préparation gommo-résineuse dont on va voir la recette ; on applique aussitôt après une seconde enveloppe parfaitement juste d'un velours croisé, de soie organsin à long poil, fabriqué pour cet objet, et que l'on colle avec force au moyen de la gomme dont on vient de parler ; on fixe ce velours à la naissance de l'aile ou bord du chapeau, et on achève de recouvrir le reste du feutre de la même manière. On soumet ensuite le chapeau à l'action du fer à moitié chaud, ayant encore soin toutes les fois qu'on le pose sur le chapeau de le tremper dans l'eau froide, à moins de courir le risque de brûler le poil, qui se frise aussitôt et tombe ensuite ainsi que son lustre. On ne saurait apporter trop d'attention à cette opération, car c'est elle qui conserve, lorsqu'elle est bien faite, au chapeau son noir et son luisant.

Recette pour la composition de la colle imperméable à l'eau, pour quinze chapeaux :

        Quatre gros de gomme arabique ;

        Un demi-gros de cire vierge ;

        Deux gros d'huile d'amande ;

        Quatorze onces de colophane.

On pulvérise la gomme, on la met à chauffer à petit feu dans l'huile, on remue continuellement avec une spatule, jusqu'à réduction en une pâte molle : c'est alors qu'on ajoute la cire, coupée nue, en continuant d'appliquer une douce chaleur: la composition est complète lorsque le tout est fondu et bien mêlé.

Lorsqu'on veut se servir de cette colle, on fait fondre à part la colophane, à laquelle on ajoute, après la fusion, la composition ci-dessus ; on obtient de cette manière un vernis que l'on étend à chaud sur le papier fin, qu'on applique sur le feutre.

Cette composition forme un corps tellement dur qu'aucun fluide ne peut passer au travers, et fait que le chapeau conserve toujours sa forme primitive.

Chapeaux d'hommes et de femmes en peluche, soie ou coton, montés sur des carcasses faites en carton, cuir et toile imperméables *ou non* imperméables, *et pour ceux montés seulement sur toile et papier* imperméables *ou non* imperméables ; par MM. ACHARD et AUDET de Lyon. (Brevet d'importation et de perfectionnement.)

Après avoir laissé tremper, pendant quelque temps, le carton dans une eau fortement imprégnée d'alun, on le retire et on le fait sécher : on en forme ensuite le tour des carcasses ; on pose sur ce tour le dessus de ce même carton, que l'on recouvre d'une toile de carton pour plus de solidité ; on fait déborder d'environ six lignes le pourtour du haut de la forme du chapeau ; après quoi on y adapte le bord de la manière suivante.

On forme, avec une lanière de peau, un cercle divisé en deux parties, dont l'une est destinée à joindre le bord à la forme du chapeau, et l'autre à recevoir le carton qui doit donner la consistance nécessaire au bord ou aile du chapeau. Ce carton, ainsi adapté sur cette partie de la peau, est ensuite recouvert dessus et dessous d'une toile de coton qui vient déborder sur la partie du cercle de peau destinée à joindre le bord du chapeau. Le bord, arrivé à cet état, est fixé à la forme du chapeau par la première partie du cercle de peau. Cette opération terminée, on enduit la carcasse d'un vernis fait avec

Alcool.	2 litres.
Gomme laque	1/2 kilogramme.
Colle de poisson.	2 hectogrammes.
Gomme élémi.	15 grammes.
Craie de Briançon.	20 grammes.
Le suc de six gousses d'ail. .	
Sirop de mélasse	20 grammes.

On fait fondre la gomme laque dans l'alcool à la chaleur du bain de sable ; on y joint la gomme élémi, ensuite le suc d'ail, on remue et l'on y ajoute le sirop de mélasse ; d'autre part on fait fondre la colle à une douce chaleur dans demi-litre d'esprit de vin, on y délaie la craie de Briançon en poudre impalpable, et l'on mêle bien les deux compositions.

Ce vernis a non seulement la propriété de rendre le carton imperméable à l'eau, mais encore de lui donner une souplesse, que l'on peut augmenter à volonté, suivant le degré de densité que l'on donne au vernis. Les carcasses enduites de ce vernis sont recouvertes ensuite de peluche de soie noire ou diversement colorée ; lorsque les coutures sont achevées, on fixe la peluche comme on va le voir.

On couvre d'un linge imbibé d'esprit de vin la partie de la peluche que l'on veut rendre adhérente à la carcasse, et on passe un fer chaud sur le linge. La vapeur de l'esprit de vin, pénétrant la peluche, ramollit le vernis, qui s'incorpore dans le tissu de la peluche et la rend adhérente à la carcasse ; ce qui empêche l'humidité de traverser le tissu de la peluche, et par conséquent de ramollir la carcasse qui est vraiment imperméable. Les chapeaux montés sur toile ou papier sont plus légers que les précédens, tout étant également imperméables.

Fabrication des chapeaux en tissu de coton et en toutes sortes d'étoffes filamenteuses.

(Brevet d'invention de cinq ans accordé, le 7 juin 1816, au sieur GURY, à Paris.)

La garniture intérieure formant la boite du chapeau est en carton lissé et verni.

Le haut de la forme, aussi en carton, est soutenu par un cercle en bois mince.

La couverture est en tissu d'une couleur quelconque,

Le tour est en fil de fer, et se prête très bien à la forme cintrée ou non cintrée qu'on veut lui donner.

Ces chapeaux ne se graissent pas ; ils résistent à toutes les injures des saisons sans éprouver d'altération, parcequ'ils n'ont pas besoin, comme les chapeaux de feutre, d'une préparation qui a l'inconvénient de se détériorer par l'humidité et de se casser par la sécheresse ; ils sont aussi beaucoup plus légers et coûtent moins que les chapeaux de feutre.

Certificat d'additions délivré au sieur Loustau *, cessionraire du sieur* Gury.

Ces additions ont pour objet de faire disparaître les différences qui existaient entre les chapeaux en tissu du sieur Gury et les chapeaux de feutre.

Le tissu qui recouvrait le fond des chapeaux du sieur Gury n'était point fixé, et les bords n'offraient ni rondeur ni fermeté.

Maintenant le tissu est fixé à l'extérieur du fond du chapeau par le moyen d'une colle soigneusement préparée, et par des points de couture imperceptibles, de manière à présenter toute la solidité nécessaire.

On obtient la fermeté et la rondeur parfaite du retroussis des bords, par l'emploi d'un cuir battu, qui, quoique très mince et très léger, est cependant d'une force égale à celle du feutre : ce cuir est recouvert des deux côtés par le tissu, qui est appliqué avec la colle ; trois rangées de points de couture le consolident de manière à ce qu'il ne puisse être altéré ni par l'humidité ni par la sécheresse.

Perfectionnement dans la fabrication des chapeaux de soie, patente à W. MATHEW et W. WHITE. (*Lond. journ. of arts, janvier* 1826, *page* 388.)

Les patentés font observer que l'on a fait deux objections à l'emploi des chapeaux de soie : c'est que la rudesse du corps sur lequel est attachée la soie, blesse fréquemment la tête, et que les bords de la forme étant plus exposés aux chocs, la soie est sujette à s'enlever et met à nu le tissu de coton de dessous, qui étant une matière végétale n'est pas susceptible de recevoir une aussi belle teinture que la soie, et alors le chapeau s'use promptement.

Pour remédier à ces défauts, le corps du chapeau doit être fait de soie comme à l'ordinaire, et pour corriger la dureté du bord intérieur, on le couvre de castor qui le rend mou et susceptible de se plier; on teint ensuite le chapeau en une belle couleur noire en dedans et en dehors, et après l'avoir suffisamment gommé, on le couvre de soie, et au lieu d'employer pour la fixer du coton qui prend mal la couleur, on compose la couverture de soie seulement, de sorte que le chapeau conserve sa couleur dans toutes ses parties.

Procédé de fabrication de chapeaux de peaux de mouton tannées. (Brevet d'invention de cinq ans accordé, le 14 juin 1816, au sieur CH. PEBREC, à Brest.)

Procédé.

Faites tremper à l'eau tiède une peau de mouton tannée de la force nécessaire à l'objet; pilez cette peau dans un mortier pendant huit à dix minutes; dressez-la sur une forme en tôle disposée à cet effet ; passez dessus une couche d'huile de lin rendue siccative, dans laquelle on a fait dissoudre du copal, à raison d'une once par pinte ; faites boire cette quantité d'apprêt à une chaleur modérée dans une étuve : répétez trois fois cette opération, et après chacune, poncez à sec votre chapeau, que vous peignez ensuite avec deux couches d'une couleur noire, composée de l'apprêt d'huile de lin ci-dessus et de noir d'ivoire ; ces dispositions faites, poncez tout autour le chapeau avec la ponce pilée, tamisée et mouillée, et appliquez deux couches de vernis, ayant soin de poncer la première couche.

DES SCHAKOS.

Le schako est une coiffure particulière aux troupes et qui prend diverses formes cylindriques, tantôt décroissant légèrement à la partie supérieure, et tantôt au contraire s'élargissant beaucoup. Les schakos se fabriquent comme les chapeaux en feutre de laine ; ils peuvent l'être aussi avec la peluche de soie, le coton, le crin, le cuir, et généralement de la même manière que les divers chapeaux que nous avons énumérés. A proprement parler les schakos sont des chapeaux d'une forme particulière, sans rebord, ayant la calotte en cuir et munis souvent d'une visière en cuir verni. Comme ce mode de fabrication ne diffère en rien de celle des chapeaux, nous le passerons sous silence ; mais fidèles à notre système de faire connaître les progrès des genres de fabrication dont nous nous occupons, nous allons faire connaître les brevets d'invention qui ont été obtenus à ce sujet.

Schakos à deux feutres. (Brevet d'invention de cinq ans accordé, le 8 mai 1820, au sieur DELPONT, à Paris.)

Ces schakos sont composés de deux feutres : l'un, qui

est intérieur, est sans teinture et enduit d'un apprêt dont on va voir la composition ; l'autre, qui est extérieur, est sans colle et sans aucun apprêt ; il est assez fort pour ne pouvoir être déchiré, et il ne peut ni rougir ni devenir galeux ; enfin, la pluie et l'humidité ne peuvent le détériorer ; il sèche comme un drap.

Ces deux feutres sont en pure laine de France.

Apprêt pour le feutre intérieur.

Gomme de cerisier. . . . . 4 parties.
Colle-forte de Paris 8
Résine. 4

Fabrication des schakos en cuir poli, destinés particulièrement à l'infanterie légère ; par M. BERCY jeune. (Par brevet d'invention.)

C'est avec des peaux de vache pesant quinze à dix-huit livres, qu'on confectionne ces schakos.

On commence par bien racler les deux surfaces de la peau, pour la rendre spongieuse et la disposer à recevoir les apprêts.

Lorsqu'on a cousu le schako, on le plonge dans de l'eau échauffée au point qu'on puisse y tenir la main. Il s'y ramollit et devient susceptible de prendre toutes les formes qu'on veut lui donner. On le met alors sur une forme en cuivre à huit clefs, dont le fond isolé est également en cuivre. On place ensuite le tout sous une presse à balancier, où on fait prendre forme au schako par une forte pression.

On le retire de la presse et de la forme pour le mettre sur une autre forme en bois, à cinq clefs seulement, mais dont le calibre est le même. Cette forme est surmontée d'un tampon également en bois, lequel est destiné à former le fond concave du schako, dont la profondeur est de 15 lignes sur 8 pouces 3 lignes de diamètre.

La forme et le tampon sont pressés et maintenus l'un contre l'autre par quatre brides en fer qui, en descendant extérieurement le long du schako, vont se fixer avec autant de vis sur le contour du plateau de fer du même calibre que le schako sur lequel pose la forme. C'est dans cet état qu'on le laisse sécher, sans qu'il puisse se voiler dans aucune de ses parties.

Le schako se trouve ainsi préparé à recevoir les deux apprêts suivans :

Le premier apprêt se compose d'une livre de bonne colle dissoute dans quatre pintes d'eau que l'on fait réduire par l'ébullition à deux pintes et demie. On a soin d'enlever l'écume à mesure qu'elle se forme. On laisse refroidir cette colle jusqu'à ce qu'elle ne soit plus que tiède, et on en verse dans le schako une quantité suffisante pour l'enduire. On laisse sécher à demi; on substitue la forme de bois bien savonnée et ses brides à la forme en cuivre; on la laisse encore sécher dans cet état.

Pour le deuxième apprêt, on fait fondre ensemble et au bain-marie, trois livres de cire jaune brute avec une livre et demie de brai sec. On retire la chaudière du feu, et on ajoute une livre de noir d'ivoire en poudre, passé au tamis de soie; on remue ce mélange jusqu'à ce qu'il soit baissé, attendu que le noir d'ivoire le fait d'abord monter.

Le schako étant toujours sur la forme de bois et bien sec, les brides de fer étant d'ailleurs retirées, vous enduisez au pinceau l'extérieur du schako d'une couche de cette composition. Après cela vous vissez, sur la clef du milieu, dans un trou disposé à cet effet, un manche de fer avec lequel vous présentez ce schako au-dessus d'un feu doux, afin de faire pénétrer la composition dans les pores de la peau. Aussitôt que la couche commence à disparaître, on le retire du feu et on le brosse fortement pour étendre également ce qui en peut rester à la surface.

Pendant qu'il est chaud, vous le remettez encore sous la presse, où, en refroidissant, il reprend sa première forme. Après quoi on le place sur le nez d'un tour en l'air avec sa forme en bois ; et avec un morceau de bois taillé convenablement on donne le poli qu'on désire.

Fig. 27. Chaudière montée sur son fourneau, dans laquelle on fait ramollir le cuir pour le rendre propre au travail.

Fig. 28. Forme en cuivre à huit clefs.

Fig. 29. Dés en cuivre pour former le fond du schako.

Fig. 30. Presse à vis et à balancier. On suppose que la forme en cuivre garnie d'un schako est sous presse

Fig. 31. Forme en bois à cinq clefs.

Fig. 32. Tampon en bois qui forme le fond du schako.

Fig. 33. Quatre brides en fer, servant à maintenir le tampon et la forme l'un contre l'autre.

Fig. 34. Plateau en fer placé sous la forme et contre lequel sont fixées avec des brides les quatre vis ci-dessus.

Fig. 35. Chaudière avec son fourneau, dans laquelle on prépare les premiers apprêts : on n'en voit que le tuyau, parceque cet appareil est semblable au suivant.

Fig. 36. Chaudière sur son fourneau, pour le deuxième apprêt.

Fig. 37. Schako sur la forme de bois présenté au feu.

Fig. 38. Manche de fer vissé sur la forme.

Fig. 39. Cheminée, dite à la prussienne, en tôle de fer.

Fig. 40. Brosse dure pour étendre l'apprêt.

Fig. 41. Tour en l'air pour polir les schakos.

Fig. 42. Morceau de bois à polir.

Fig. 43. Schako terminé et garni de sa visière.

Fig. 44. Deux anneaux concentriques qui servent à saisir le cercle supérieur du schako pour le polir.

Fig. 45. Châssis en fer, monté à charnière sur une planche, qui sert à régler et à réunir ensemble les diverses pièces de laiton qui composent les jugulaires.

Fig. 46. Schako complètement garni et posé sur la tête d'un voltigeur.

Procédé pour reteindre les schakos en tissu de coton dont la couleur s'est altérée.

Ce procédé consiste à faire bouillir un quart de bois d'Inde ou de campêche, coupé en morceaux dans trois litres d'eau, ce qui suffit pour teindre vingt schakos.

On étend cette liqueur avec une brosse molle bien garnie, dans le sens du poil, ayant soin de ne pas endommager le galon, et de manière que le poil soit imbibé. Quand le schako est sec, on le brosse avec une autre brosse molle et sèche, pour décatir et lisser le poil. (*Ann. mar. et col.*, janvier et février 1824, page 47.)

QUATRIEME PARTIE.

CHAPEAUX EN PAILLE ET EN BOIS.

Chapeaux de paille.

L'Italie a été long-temps en possession de fournir à l'Europe ces beaux chapeaux de paille qui sont si recherchés par les dames, et dont le prix s'élève encore jusqu'à 1200 fr. pour les belles qualités fabriquées aux environs de Florence. Depuis que l'industrie a pris un si grand essor en France, on s'est attaché à ce genre de fabrication, afin de nous affranchir de ce tribut que le luxe paye à l'Italie. Déjà en 1819 on vit figurer à l'exposition des produits de l'industrie française des chapeaux de paille dus à nos fabriques, dont la beauté était remarquable. Parmi ces fabricans on distingue :

1° M. Clairvaux, à Troyes (Aube), pour de très jolis échantillons de tissus de paille pour chapeaux, imitant assez bien les chapeaux d'Italie.

2° M. Thibault, du même lieu, pour ses chapeaux de paille jaune et blanche, de toute qualité, très bien confectionnés.

3° M. N., à Saint-Loup (Haute-Saône), pour des chapeaux de paille à la fabrication desquels il employait environ 350 enfans.

4° M. N., à Ban-de-la-Roche (Vosges), de jolis échantillons de chapeaux de paille exécutés par de jeunes filles.

L'exposition de 1823 donna des résultats encore plus satisfaisans; enfin celle de 1827 a réalisé en grande partie les espérances que celle de 1823 avait fait concevoir. En effet, les départemens de l'Ain et de l'Isère semblent avoir rivalisé d'efforts pour l'importation de ce genre d'industrie que des essais, en général peu satisfaisans, tendaient à faire regarder comme n'étant pas susceptible de prospérer en France.

MM. Héricart de Thury et Migneron, dans leur rapport sur les produits de l'industrie française de 1827, présenté au nom du jury central au ministre du commerce et des manufactures, et M. Ad. Blanqui dans son histoire des produits de l'exposition de 1827, ont signalé les fabricans de ces chapeaux qui ont obtenu les plus heureux résultats. Les voici :

M. Dupré, à Lagnieux (Ain), qui fut mentionné honorablement en 1823, a obtenu une *médaille d'argent*. Il a exposé une suite de chapeaux de paille, façon d'Italie, dans des qualités très diverses : les plus communs sont de 2 fr. chacun et les plus fins de 200 fr. Chaque sorte a un degré de finesse et de moelleux correspondant à son prix, et toutes sont remarquables par une confection soignée. Ce fabricant occupait, en 1827, quinze cents ouvriers, au lieu de cinq cents qu'il en occupait en 1823. Sa fabrication, qui n'était que de huit à dix mille chapeaux, a été portée de cinquante à soixante mille. On peut juger par là du développement et des progrès de son industrie.

M. Dupré a exposé aussi des échantillons de la paille qu'il emploie pour en obtenir la quantité nécessaire pour le *maximum* de fabrication indiqué ci-dessus; il a fallu semer treize cent soixante boisseaux de blé, ce qui revient à deux boisseaux un dixième pour chaque cent de chapeaux.

MM. Pecherand, Dubois et Cie, à Moirans (Isère), ont obtenu une *médaille de bronze*. C'est à Moirans, près de Grenoble, qu'ils ont naturalisé la fabrication des chapeaux de paille d'Italie. Ceux qu'ils ont exposés au Louvre n'ont reçu aucun apprêt; ils sortent des mains de l'ouvrière, et peuvent soutenir la comparaison avec ce que l'Italie nous envoie de plus beau.

Toutes les pailles, bien s'en faut, ne sont pas propres à la fabrication des chapeaux; celles qui sont les plus fines, les plus souples, les plus longues, c'est-à-dire les nœuds les plus écartés les uns des autres, et qui ne sont ni tachées ni rouillées, sont les plus propres à cette fabrication; celles de seigle, du moins les plus belles de cette céréale, sont employées pour la fabrication de certaines qualités de chapeaux. Pour les beaux chapeaux d'Italie, on emploie une qualité de froment qui est une variété d'épeautre, *triticum spelta*, dite blé de mars, *marzola* ou *marzolo*, dont on fait avorter la fructification. MM. Guy et Harisson ont obtenu à Londres une patente pour un procédé y relatif, qui consiste à arracher le blé avec la racine, dès que les épis sont formés, à le réunir en gerbes d'environ cent cinquante brins, et à faire dessécher celles-ci avec beaucoup de soin, au soleil, en évitant par des abris les rosées et les pluies. La paille acquiert ainsi une belle couleur jaune et très propre à la fabrication des chapeaux tressés. On fait aussi des chapeaux avec la paille préparée d'ivraie, de riz et de seigle. Indépendamment de ce que nous venons d'exposer, il est encore d'autres soins à donner aux pailles : on doit semer le blé qui doit les produire dans des sols qui ne soient point exposés aux brouillards ou aux pluies du printemps, parceque les pailles de ces localités sont parsemées de taches indélébiles. Cette céréale peut être cultivée dans les terrains montagneux; on doit donc visiter le champ et ne choisir que les plus belles pailles. Après en avoir séparé les feuilles, dans plusieurs fabriques, on coupe les pailles au-dessus et au-dessous de chaque nœud; on rejette ces nœuds ainsi que l'extrémité des pailles : on classe alors ces tuyaux d'après leur longueur dans des boîtes à compartimens; les plus beaux ont de 15 à 20 centimètres de longueur; les plus estimés sont ceux qui sont minces, non tachés, et qui sont de la grosseur d'une plume à écrire ordinaire. Il est de ces tuyaux qui n'ont que 5 à 6 centimètres de longueur: on en trouve l'emploi. Avant cette opération, on blanchit ordinairement les pailles de la manière suivante.

Blanchîment de la paille.

Si toutes les pailles offraient la même nuancé de couleur, cette opération deviendrait inutile; mais comme il n'en est pas ainsi, on est obligé d'y recourir, surtout quand on veut les teindre et leur donner des couleurs délicates. Pour leur faire acquérir un beau blanc, on les plonge dans la chlorure de chaux liquide.

Mais comme on ne cherche pas ce blanc pour la fabrication des chapeaux, on recourt au soufrage, qu'on pratique de la manière suivante : On prend un tonneau d'environ 4 à 5 pieds de hauteur et défoncé des deux bouts, sur les parois internes duquel on colle du papier, afin de boucher soigneusement toutes les issues qui pourraient livrer passage au gaz acide sulfureux; on le dresse sur l'une de ses extrémités, et à 15 ou 16 centimètres de la partie supérieure on fixe quatre taquets destinés à soutenir un cercle sur lequel est tendu un filet en fil dont les mailles ont une dimension de 5 centimètres, et sur lequel on arrange les pailles par petites poignées en croisant les couches ; on ferme hermétiquement ce tonneau au moyen d'un couvercle entouré de lisières; enfin l'on recouvre d'une couverture de laine. Tout étant ainsi disposé, on introduit dans le tonneau un réchaud rempli de charbons allumés sur lequel on place un vase en tôle contenant du soufre en poudre, étendu dans ce vase en une couche très mince pour éviter qu'il s'agglomère; car dans ce cas le soufre brûle avec trop de flamme et noircit la paille. Le gaz acide sulfureux, qui est le produit de la combustion du soufre sous le tonneau et remplit toute la capacité, agit sur la partie colorante de la paille qui est détruite en grande partie dans environ dix à douze heures.

On arrange alors la paille blanchie entre des toiles mouillées pour la rendre plus souple, et on l'en retire dans
trois ou quatre heures. C'est après que la paille est blanchie qu'ordinairement on en coupe les nœuds et qu'on en
divise les brins longitudinalement. Nous y reviendrons.

Teinture de la paille.

Préparation préliminaire.

L'expérience a démontré qu'on ne peut donner certaines couleurs à la paille, si on ne l'a préalablement ouverte. Pour y parvenir il ne faut point qu'elle soit dans
un état de siccité parfaite, parcequ'alors elle se brise;
il faut donc la laisser toute une nuit dans un lieu bas et
un peu humide; il est alors facile de l'inciser, l'aplatir et
la dresser. Pour cela on employait jadis une espèce de
fuseau en bois A, *fig.* 47; on tenait le tuyau de paille de
la main gauche, on faisait entrer le fuseau dans un des
bouts, et en l'inclinant et le poussant dans la direction
de la fente on prolongeait celle-ci jusqu'à l'autre bout :
après cela la paille était étendue sur le fuseau, en la frottant avec le polissoir, *fig.* 48. Pour finir de l'aplatir on la
frottait également sur son poli avec une planche épaisse
très unie de noyer ou de pommier. Le polissoir est vu
de profil en B et de face en C. Cette opération, qui était
d'autant plus longue qu'on était obligé de la renouveler
pour chaque tuyau, a été abrégée et perfectionnée par
M. L. Voici le procédé qu'il a inventé et décrit dans le
Dictionnaire technologique; nous allons lui emprunter
cette description.

La *fig.* 49 représente le laminoir à fendre, ouvrir et
lisser la paille. Sur une planche rectangle de bois de pommier A, de 20 sur 15 centimètres, on assemble à tenons
et mortaises deux fortes jumelles B B, recouvertes par
une traverse supérieure C, ajustée à fourche sur l'extré-

mité des jumelles; c'est entre les jumelles que sont placés les deux cylindres D, E, qu'on voit parfaitement dans la *fig.* 5o qui montre le laminoir par-derrière. La *fig.* 51 montre de profil l'une des jumelles, afin qu'on y distingue la saillie *a*, sur laquelle repose la traverse *b*, sur laquelle est fixée, par deux vis, la pièce importante qui sert à ouvrir la paille et à la diriger entre les cylindres du laminoir. Cette traverse est placée par ses deux extrémités sur les saillies des deux jumelles, et y est fixée par deux vis en bois, comme on le voit en B, *fig.* 49. On voit dans les jumelles, *fig.* 51, une entaille *c* longitudinale qui reçoit les deux tourillons des cylindres, dont l'inférieur repose sur une entaille arrondie, et est surmonté par un coussinet *d*, qui est pressé par la vis *f*, afin que le cylindre supérieur comprime suffisamment la paille pour l'étendre. On voit ces deux vis dans la *fig.* 49.

La traverse *b* porte dans son milieu une pièce *g*, qui lui est fixée par deux vis à bois, et qui porte le *bec de bécasse* saillant *h*, que l'on voit sur ses deux faces, *fig.* 52 et 53. La *fig.* 52 le montre par-dessus, tel que le présente la *fig.* 49; la *fig.* 53 le montre par-dessous, afin qu'on en puisse concevoir la construction. Le bec *h* saillant est tranchant par-dessus, il est arrondi par-dessous, et va toujours en s'élargissant, afin de diriger la paille au fur et à mesure qu'elle s'aplatit, afin de la mettre en prise, tout étendue, entre les cylindres. Voici la manière d'opérer. On prend la paille moite de la main gauche, on fait entrer le *bec de bécasse* dans le tuyau et l'on pousse; la paille se fend, et l'on continue à pousser jusqu'à ce qu'en faisant tourner la manivelle G, on sente qu'elle est prise entre les cylindres : on lâche alors la paille; on continue de tourner la manivelle jusqu'à ce qu'elle soit tout-à-fait passée; elle tombe alors tout ouverte et plate par-derrière le laminoir. On prépare ainsi dix mille pailles dans un jour, tandis que par l'ancien procédé on n'en préparait que cent. Ces pailles sont ainsi disposées pour la teinture.

Teinture de la paille en bleu.

4 Indigo guatimala en poudre
    première qualité . . . . . . 3o gram. (1 once).
Acide sulfurique à 66 (huile de
    vitriol).. . . . . 6o   (2 onces).
Potasse première qualité. . . . 15   (1/2 once).

On introduit l'indigo et l'acide sulfurique dans un petit matras ou une fiole à médecine qu'on fait chauffer au bain de sable; dès qu'on s'aperçoit qu'il n'existe plus d'effervescence, on y ajoute la potasse, et on laisse digérer pendant un jour et une nuit. La solution d'indigo ainsi préparée, on fait bouillir dans une bassine de l'eau en quantité suffisante pour que les pailles puissent y prendre un bain ; on y ajoute alors peu à peu de sulfate d'indigo avec une cuillère de bois à très long manche jusqu'à ce qu'on ait la couleur qu'on désire. On retire alors la bassine du feu, on immerge dans la liqueur les pailles non ouvertes, et quand elles ont contracté la couleur que l'on désire, on les lave à l'eau fraîche et pure, et on les fait sécher à l'abri de la poussière.

Pour le *bleu de ciel* ou *azur* on met beaucoup moins de sulfate d'indigo, et les pailles doivent être ouvertes.

Couleur jaune.

On fait bouillir du curcuma en poudre (*terra merita*) en plus ou moins grande quantité, suivant la nuance jaune qu'on veut obtenir ; on passe à travers une toile, on remet la liqueur sur le feu, on y plonge les pailles non ouvertes, et l'on fait bouillir jusqu'à ce qu'elles aient acquis la couleur voulue; alors on les retire, on les lave et on les fait sécher. La teinture de curcuma n'est point épuisée après cette opération ; on en fait usage pour obtenir des couleurs jaunes plus faibles.

Couleur noire.

Pour teindre les pailles en noir, on commence d'abord

par les engaller, c'est-à-dire à les immerger dans une décoction de noix de galle ; de là on plonge dans un bain
de pyrolignite de fer, et en définitive dans une décoction
ou bain de bois de campêche. On lave et l'on fait sécher.

Nous passerons sous silence les couleurs rouge, rose,
verte, brune, etc., attendu que jusqu'à présent on ne
fait point usage de chapeaux de cette couleur.

Il est bon de faire observer que les pailles, quoique
immergées dans le même bain, n'ont pas toutes la même
nuance de couleur ; il faut donc les trier et les assortir.
Après cela, soit qu'elles soient de couleur naturelle, sou-
frées, blanchies ou teintes, on doit les régler, les lisser et
les soumettre à la presse dans du papier placé entre deux
planchettes, afin que les brins se réduisent en rubans plus
ou moins fins.

Nous avons déjà dit qu'après avoir coupé les nœuds de
la paille on incise les tuyaux longitudinalement en deux
ou quatre rubans, suivant le degré de finesse du chapeau :
on se sert pour cela d'un petit bistouri ou canif à lame
à pointe courbe. Tous ces brins sont ensuite rassemblés et
placés par couches entre des toiles mouillées pendant environ trois heures, pour les rendre plus souples et propres
à être tressés : sans cette opération ils se briseraient à
chaque instant.

Tressage des pailles.

Les pailles destinées à la fabrication des chapeaux doivent être tressées, et la grosseur de ces tresses est relative
à la grosseur des brins des pailles, suivant la qualité des
chapeaux, qu'on divise en deux classes :

1° Les chapeaux fins sont ceux qu'on fait avec des
tresses ou nattes dont quatorze et au-delà même, cousues
ensemble, n'offrent qu'un décimètre (47 lignes) de longueur.

2° Les *chapeaux grossiers* ou *communs* sont ceux dont

les nattes, dans une largeur d'un décimètre, sont composées de moins de quatorze tresses; de ce nombre sont ceux de paille de riz, d'ivraie, ou de froment entière.

Quant à ceux de sparterie ou d'écorce, cette même largeur se compose de moins de dix tresses; à cela près, même mode de fabrication.

Il est bon de faire observer que pour les chapeaux de paille très fins, la division du tuyau en deux ou quatre brins au moyen du canif est insuffisante, et que, comme cette division doit être bien plus grande, on ne saurait y parvenir au moyen du canif; aussi emploie-t-on un moyen plus convenable. Il consiste à fixer des aiguilles à broder la mousseline à égale distance les unes des autres et sur une même ligne; pour cela on implante les têtes dans de la résine; ces aiguilles ainsi disposées forment une espèce de peigne sur lequel on place l'extrémité du brin de paille, humide et préalablement fendu dans sa longueur; il est évident qu'en tirant ensuite ce ruban de paille jusqu'à l'autre extrémité on le divise en autant de petits rubans qu'il y a d'épingles. On assortit ces brins de paille, suivant leur longueur et largeur, et on les emploie suivant les divers degrés de beauté des chapeaux.

Ce sont des femmes qui font ensuite les tresses avec les pailles ainsi préparées et humides. Nonobstant cela, elles doivent avoir toujours les doigts un peu mouillés, afin de conserver à la paille sa flexibilité en s'opposant à son dessèchement. Il est bien évident qu'on doit avoir des ouvrières intelligentes pour bien recorder les brins de paille et surtout pour les tresser d'une manière égale et serrée de manière à ce que les tresses soient unies et point bosselées sur les côtés. Dès qu'on a fabriqué une suffisante quantité de ces tresses et qu'on leur a donné la largeur et la longueur relative à la qualité des chapeaux à la fabrication desquels elles sont destinées, elles passent dans un autre atelier. Là, d'autres femmes les cousent d'une manière

presque imperceptible en les roulant à plat en spirale sur
elles-mêmes, soit bord à bord dans le même plan, soit
à recouvrement. Mais pour la beauté de l'ouvrage, il est
essentiel que cette couture ne soit point apparente. C'est
en cet état, ou même à celui de tresse, qu'on livre les chapeaux de paille aux marchands qui les façonnent ou mieux
leur donnent la forme à la mode (1) et l'apprêt convenable.

Apprêt des chapeaux de paille.

Quelle que soit l'habileté des ouvrières, la beauté et l'u-
niformité des brins de paille; quel que soit le soin et
l'adresse avec laquelle les tresses ont été faites, il faut
pour que cette étoffe en paille soit bien unie, et ait de la
consistance et du brillant, qu'elle reçoive un apprêt au
moyen de la presse ou du repassage. Voici comme on pratique ces deux moyens.

1° *Apprêt par la pression.* On commence d'abord par
bien mouiller les chapeaux avec de l'eau de riz, d'amidon
ou de gomme arabique; dès qu'ils sont secs, on les entasse
les uns sur les autres, en plaçant entre chacun des plateaux de bois bien chauffés; en cet état, on les soumet
pendant vingt-quatre heures à l'action d'une forte pression d'abord sur les bords, ensuite sur le contour et le
dessus des calottes.

2° *Apprêt par le repassage.* Ce moyen a fait abandonner en grande partie le précédent, depuis que M. Mégnié
a imaginé et construit deux machines qui facilitent singulièrement ce repassage. Ce sont, dit M. E. M. (2), des es-

---

(1) Dans cet ouvrage, nous ne nous sommes proposé
que de décrire la fabrication première des chapeaux; pour
leur préparation secondaire, nous renvoyons aux Ma-
nuels des demoiselles, des dames, etc.

(2) Dict. technolog.

pèces de tours en l'air, dont une est destinée au repassage des rebords, et l'autre du contour et du dessus des
calottes. Dans ces deux tours, le chapeau, imbibé du même
apprêt que pour le procédé de la presse, est placé dans
une forme de bois qui le remplit exactement, et qui, tournant sur elle-même lentement, à l'aide d'un engrenage
d'angle que l'ouvrier chapelier met lui-même en action,
l'entraîne dans son mouvement de rotation, et lui fait
présenter successivement tous les points de sa surface extérieure à l'action du fer chaud et immobile, fortement
pressé par-dessus par un levier disposé convenablement à
cet effet. Ce procédé, qui ne laisse rien à désirer pour la
perfection du travail, l'a tellement abrégé, qu'un ouvrier
repasse dans sa journée cent vingt chapeaux, au lieu de
vingt-quatre qu'il avait de la peine à repasser en faisant
agir le fer à la main sur le chapeau immobile. Nous ajouterons à cela que le poli et le luisant que prennent les
chapeaux ainsi lissés est bien supérieur à celui qu'ils acquièrent par la pression. Nous avons représenté, *fig.* 54,
la presse dont on fait usage, et *fig.* 55, 56 et 57, d'autres
instrumens pour fendre les pailles.

Nous allons maintenant exposer quelques procédés mis
en usage par plusieurs fabricans français ou étrangers; ils
contiennent certaines notions que, pour éviter les répé-
titions, nous avons cru devoir passer sous silence. En Angleterre on se livre aussi avec succès à ce genre de fabrication, si l'on en juge du moins par l'article suivant du
Galignani's Messenger (1).

La Société royale de Dublin adjugea dernièrement,
pour cette branche d'industrie, quatre prix de 20, 15,
10 et 5 livres. Un rapport lu à cette occasion contient

---

(1) En Angleterre on emploie principalement à cette
fabrication la paille de l'orge à deux rangs, dit paumelle,
hordeum distycum.

les dispositions suivantes : Les progrès extraordinaires qui ont eu lieu depuis trois ans dans ce genre d'industrie, et le degré de perfectionnement auquel il est aujourd'hui parvenu, donnent lieu de croire que cette fabrication, si elle est poussée avec toute la persévérance et l'activité convenables, mettra bientôt l'Irlande complètement en état de rivaliser avec l'Italie, pour ce produit. Des marchands de Dublin, qui font ce genre de commerce, invités à donner leur avis sur la qualité des six chapeaux de paille qui ont obtenu le premier prix, ont déclaré que si les chapeaux mêmes de *Livourne* de la première qualité, tels que ceux qui s'importent dans ces pays-ci, étaient mêlés avec ceux-ci, il n'est personne, au fait de cet article, qui pût faire une distinction entre les uns et les autres. Ces marchands ont déclaré, en outre, à l'égard d'un autre chapeau qui n'avait remporté que le troisième prix, qu'un tel chapeau ne rendrait à Londres, suivant le cours actuel, pas moins de cinq guinées. Le comité fit de plus observer que le *cynosurus cristatus* n'est pas la meilleure des matières premières propres à cette espèce de fabrication, attendu que cette substance est de sa nature trop dure et trop fibreuse, et en général d'une couleur inégale. Dans l'opinion du comité, la paille de seigle (*secale cereale*) est de beaucoup préférable ; et il ajouta que l'un des chapeaux qui a obtenu le premier prix, chapeau fait de l'herbe printanière odorante (*anthoxanthum odoratum*) paraissait d'une qualité supérieure à celle de tous les autres faisant partie du même concours. (*Dublin, correspondant.*)

*Fabrication des chapeaux de paille à la ma-
nière italienne; par M. WEBER. (Verhandl.
des Vereins zur Befoerderung des Gewerbfl.
in Preussen;* janv. et fév. 1826. p. 45 (1).)

Les chapeaux de paille les plus beaux et les plus solides
sont fabriqués en Italie. On en distingue deux sortes:
1° Les chapeaux de Florence, qui réunissent au plus haut
degré la solidité à la perfection du travail, mais qui sont
aussi les plus chers; 2° Ceux de Venise, qui ne sont pas
tout-à-fait aussi fins et aussi solides que les premiers,
mais qui sont proportionnellement moins chers.

Les nattes et les chapeaux de paille les plus renommés
se fabriquent en Italie, dans les Sept-Communes (*Sette
Communi*). Ce travail est l'industrie principale et la première ressource de cette petite contrée, dont l'étendue
est à peu près de quatre lieues carrées d'Allemagne, et la
population de dix mille âmes.

Le rapport annuel de cette fabrication, y compris le
prix de la paille, s'élève à trois millions de livres véni-
tiennes. C'est dans les communes de Lusiana et de Gia-
como que cette industrie a le plus d'importance; c'est
aussi là que croît surtout l'espèce de froment propre à ce
genre de travail. La paille est récoltée et assortie avec
soin, et les chalumeaux, coupés à égales longueurs, sont
réunis et vendus par bottes aux fabricans de nattes, à
raison de 8 fr. la livre de douze onces. Ceux-ci vendent
leurs nattes aux fabricans de chapeaux.

Des prix ont été décernés pour cet objet par la Société
d'encouragement de Londres à M. Wells, de Weather-
field, et à M. Cobbet, qui se sont occupés avec succès de
cette fabrication.

----

(1) La Société d'encouragement de Berlin a proposé un
prix pour cette fabrication.

La graminée employée par madame Wells est le *poa pratensis*, qui croît partout en Allemagne dans les pâturages et les prairies basses. Quant à M. Cobbet, il a fait des essais, non seulement sur ce même *poa pratensis*, mais encore sur plusieurs autres graminées indigènes de l'Angleterre, telles sont : la *melica cærulea*, l'*agrostis stolonifera*, le *solium perenne*, l'*avena flavescens*, le *cynosurus cristatus*, l'*anthoxanthum odoratum*, et l'*agrostis canina*. Toutes ces plantes lui ont fourni des nattes susceptibles d'être employées.

Leurs procédés pour préparer la paille varient. Madame Wells fait la récolte de la plante depuis l'époque de la floraison jusqu'aux approches de la maturité de la graine : elle n'emploie que la partie qui se trouve entre le nœud supérieur et le sommet ; elle verse dessus de l'eau bouillante, et fait ensuite sécher au soleil ; elle réitère cette opération une ou deux fois, ou jusqu'à ce que les feuilles, qui entourent la tige sous forme de gaîne, se détachent. Alors elle blanchit de la manière suivante : elle commence par préparer une eau de savon, à laquelle elle ajoute de la potasse perlasse jusqu'à ce que celle-ci domine ; elle humecte la plante avec cette solution, et la place toute droite dans une caisse ; elle y brûle du soufre, et elle couvre la caisse de linges pour y renfermer la vapeur sulfureuse ; elle continue de brûler ainsi du soufre jusqu'à ce que la plante humectée par l'eau de savon soit sèche : ce qui exige environ deux heures. Pendant cette opération le soufre est renouvelé une ou deux fois. La plante est alors propre à être tressée. Cette préparation est, comme on le voit, très simple ; elle n'exige pas d'instrumens spéciaux, et toutes les paysannes peuvent la faire elles-mêmes sans difficulté.

M. Cobbet exécute autrement le blanchîment. Il place les tiges de la plante, réunies en bottes, dans une petite cuve, et il les submerge d'eau bouillante ; il les y laisse pendant dix minutes, puis il les retire, et les étend sur du gazon bien ras. Au bout de sept jours, le blanchîment est terminé. Le mois de juin est celui qui convient le mieux pour la récolte et la préparation de la plante.

Aidé par les travaux des étrangers, je me suis occupé de cette fabrication, dit M. Weber, et j'ai fait des essais comparatifs, dont voici les résultats :

1° Le *poa pratensis* est très propre à la confection des chapeaux de paille. Ses chalumeaux sont au moins aussi fins que ceux d'Italie; mais ceux-ci paraissent plus solides.

2° Les graminées sauvages de la Prusse peuvent être employées au même usage.

3° La couleur de la paille dépend du mode de blanchîment; on doit surtout faire cette opération par un beau temps et avec un grand soleil. Aussi le procédé de M. Cobbet est-il bien préférable à celui de madame Wells.

4° La paille ainsi préparée se laisse très bien tresser et coudre.

Sur la demande de M. Weber, la Société d'encouragement, pour la culture des jardins, s'est chargée de multiplier les graminées indigènes qui peuvent servir à la fabrication des chapeaux de paille, et de faire venir d'Italie assez de semences de la plante qui y est employée pour chercher à la propager en Prusse. Cette plante, d'après l'opinion des membres les plus instruits de cette Société, est le *tricticum æstivum*, qui, semé dans un terrain maigre et non fumé, fournit un chaume mince. Il est vraisemblable que, dans le cours de l'été prochain, les fabricans qui voudront faire des chapeaux de paille à la manière italienne auront à leur disposition de la paille d'Italie et de la paille des graminées indigènes, et pourront employer comparativement ces deux matières premières à la confection des chapeaux.

Chapeaux fabriqués avec des pailles indigènes, imitant ceux de paille d'Italie, par M. de BERNARDIÈRE, à Paris. (Brevet d'invention de cinq ans.)

Les pailles employées à la confection de ces chapeaux indigènes sont tirées du Cotentin et des environs de Paris; les plus fines se trouvent plus généralement dans les prairies que partout ailleurs. D'autres pailles, d'une moins belle qualité, se trouvent plutôt dans des seigles semés légèrement que dans tout autre endroit.

L'une et l'autre de ces pailles ont besoin d'une préparation pour devenir de la couleur de la paille d'Italie. Cette préparation consiste à mettre le plus promptement possible, après les avoir récoltés, les fétus non encore mûrs dans l'eau froide, que l'on fait arriver peu à peu à l'état d'ébullition; après quoi, on les retire et les expose à la chaleur du soleil pour les faire sécher, ayant soin de les arroser jusqu'à ce que la paille devienne d'un jaune convenable et très lianté, sans quoi elle casse, et ne vaut rien pour tresser et encore moins pour être cousue.

La tresse se fait avec treize brins de paille; pour la coudre on dispose les tresses l'une dans l'autre avec un fil passé dans l'intérieur de la maille, et de telle façon que, pour arriver à faire un chapeau entier, il doit parcourir toutes les mailles d'une extrémité à l'autre.

Chapeaux de paille de la forêt Noire.

Autrefois on ne faisait dans la forêt Noire que des tresses de paille très grossières; les chapeaux qu'on en fabriquait n'étaient portés que par les habitans de la campagne, et se vendaient presque tous en France. Le gouvernement français voulant encourager cette branche d'industrie dans les Vosges, doubla les droits d'entrée des chapeaux de paille, en les fixant à 8 francs la douzaine (1). Cette aug-

_____

(1) Bulletin de la Société d'encouragement, année 1819.

mentation d'impôt fit cesser ce trafic lucratif avec la France. M. Huber, bailli de Triberg, ayant eu connaissance des procédés employés par les Italiens pour la fabrication des chapeaux de paille fins, engagea ses concitoyens à donner plus de finesse à leurs tissus, qui étaient encore très grossiers. En 1804, il fit fabriquer des instrumens au moyen desquels on pouvait diviser en dix parties le brin de paille le plus fin; il fit couper la paille avant la parfaite maturité, la fit blanchir et distribuer parmi les ouvriers les plus habiles. Si bien qu'en 1813, on était déjà parvenu à donner aux chapeaux de paille un tel degré de finesse et de perfection, et un si bel apprêt, qu'ils sont généralement recherchés non seulement dans le pays, mais encore en France, en Hollande, en Belgique, et même en Russie, où il s'en fait de grandes expéditions. Dans le seul bailliage de Triberg, quinze cents personnes s'occupent de cette branche d'industrie et fabriquent annuellement cent vingt mille de tissus de paille.

Chapeaux de paille double, tissus à l'envers sur baguettes d'osier, de baleine, de roseau et autres substances flexibles analogues, par M. BLOUET, fabricant de chapeaux de paille à la maison centrale du mont Saint-Michel, département de la Manche. (Brevet d'invention.)

Procédés de fabrication.

Avant de fendre la paille, on la fait aplatir sur une règle en bois, en la raclant sur ses deux faces avec un couteau : cette opération lui enlève une partie du tissu spongieux qui revêt l'intérieur du tube et la rend ainsi beaucoup plus flexible et moins cassante; on la fend ensuite avec un nouvel outil appelé filière, consistant tout simplement en plusieurs aiguilles fixées sur un manche et écartées l'une de l'autre suivant la largeur que l'on se propose de donner aux petites lames de paille. En appuyant ces aiguilles ainsi disposées sur l'une des extrémités de la paille aplatie, et en tirant à soi cette extrémité, la pointe de chaque aiguille fend cette paille et la réduit en autant de morceaux égaux qu'il y a d'intervalles.

C'est avec la paille ainsi préparée que se fabriquent les nouveaux chapeaux; on la contourne sur des baguettes d'osier extrêmement minces et auxquelles on réunit quelques fines lames de baleine pour en augmenter la solidité.

La paille privée des soutiens spongieux par l'opération du raclage dont on vient de parler, se trouvant très amincie, on la double pour la mettre en œuvre; c'est le moyen d'obtenir un tissu très serré et en même temps très égal, attendu que l'ouvrage ne présente pas alors ces petites aspérités et imperfections qui sont inévitables quand on n'emploie qu'une seule paille pour former le point du tissu; les deux pailles donnent la facilité de rajuster d'une manière imperceptible celles qui viennent à casser. Les chapeaux ainsi préparés sont teints par les procédés ordinaires.

Chapeaux d'hommes et de femmes en nattes de paille, osier et baleine, sans couture, par M. MICHON fils aîné. (Brevet d'invention de cinq ans.)

Ces chapeaux sont formés d'un tissu dont la chaîne est en baleine, amincie au moyen d'une espèce de rabot, composé d'un morceau de bois de trois pouces de longueur sur deux pouces de largeur, dans lequel est logé un fer tranchant.

La trame ou rempli est en osier ou en paille; l'osier est fendu suivant la forme que l'on veut donner au tissu et se prépare de la même manière que la baleine. Quant à la paille, on la fend au moyen d'un outil ou couteau en ivoire ou en acier.

Les chapeaux sont façonnés à la main sur des formes en bois, et lorsqu'ils sont terminés, ceux qui sont destinés pour hommes sont teints en noir ou en gris, et ceux qui sont pour femmes restent en écru. Les chapeaux de femme sont le plus ordinairement remplis avec de la paille ou des bouts d'épis.

On peut employer le même procédé pour confectionner les schakos à l'usage de la troupe.

Brevet de perfectionnement et d'addition délivré, le 28 décembre 1822, au sieur ACHILLE DE BERNARDIÈRE, cessionnaire du brevet du sieur MICHON.

Ces perfectionnemens consistent à introduire dans le mode de fabrication précédent le moyen de tisser l'osier en éclisses plates, de confectionner les chapeaux en trame d'éclisses de bois de peuplier, de saule et généralement toute espèce de bois vert ou sec ; enfin dans l'application de ces divers tissus à la confection des schakos et autres coiffures tant pour le civil que pour le militaire.

Quant à la préparation des diverses matières premières, elle est absolument la même que celle indiquée dans le brevet du sieur Michon.

Chapeaux de paille cousue, etc.

Ces chapeaux sont inférieurs pour la qualité à ceux que nous avons décrits ; on voit les tresses cousues l'une un peu sur les bords de l'autre et de manière que lorsqu'on coupe la paille avec les ciseaux, elles se décousent aisément. On en fait aussi avec des pailles plates plus ou moins larges collées sur un fond ou cousues par bandes ; quelquefois on entremêle celles-ci de tresses plus ou moins fines. Tous ces chapeaux qu'on varie à l'infini sont d'un prix inférieur à ceux à tresses fines.

Les chapeaux de paille cousue se font avec de petites nattes de paille cousues l'une sur l'autre; ils se commencent par le milieu de la calotte; on forme un bouton, et tournant la paille sur elle-même on la conduit ainsi jusqu'à ce que l'on ait fait un rond assez grand pour faire une calotte ordinaire. Les grandeurs varient selon celles des têtes que l'on veut faire.

Lorsque l'ouvrière est arrivée à ce point, elle plie deux rangées de cette paille de manière à commencer ce que l'on appelle la baisse de la calotte; ensuite elle coud sa paille toujours en tournant, en faisant attention à la conduire également, c'est-à-dire à ne pas faire *boire* plus dans un endroit que dans l'autre, ce qui formerait des bosses qui s'effacent difficilement au cylindrage et reparaissent à la plus légère humidité.

La calotte achevée, c'est-à-dire arrivée à la hauteur que l'on veut lui donner, on la plie en quatre : le devant, le derrière, et chaque côté des oreilles, où il faut commencer la passe; on prend la paille, on lui donne une légère cambrure, et l'on commence à partir du pli indiquant l'oreille droite en tournant la forme jusqu'au pli indiquant l'oreille gauche où l'on s'arrête, et l'on coupe sa paille, ayant soin en la cousant de la faire légèrement boire afin de forcer la passe à se lever. L'ouvrière doit avoir soin de rayonner sa paille aux oreilles, c'est-à-dire la couvrir presque entièrement de manière à n'en laisser passer qu'une très petite partie afin de donner la place à tous les bouts de paille qui doivent composer sa passe; elle doit encore observer en commençant quelle est la longueur qu'elle veut donner à la passe de son chapeau, car, si elle veut faire un chapeau presque rond, alors elle ne rayonnera pas beaucoup ou pas du tout. Si sa passe doit avoir dix pouces d'avance et quatre de derrière, alors elle coupera ses pailles et rayonnera jusqu'à ce qu'elle ait six pouces d'avance; ensuite, au lieu de couper sa paille comme elle l'a fait jusqu'à ce moment, elle continuera à la coudre en tournant tout autour de la calotte de façon à ce qu'elle soit arrivée à dix pouces d'avance ; le derrière devra nécessairement en avoir quatre.

Les chapeaux d'enfans se font tout ronds, c'est-à-dire que la forme étant achevée, sans quitter sa paille, on la fait boire fortement, ce qui la force à se relever et ainsi à commencer l'avance que l'on continue ensuite en tournant toujours jusqu'à ce que l'on juge que le chapeau soit assez grand. Lorsque les six premiers tours de la passe sont achevés, l'ouvrière doit poser fréquemment son chapeau sur une table afin de voir si son avance est bien plate, car si la paille est trop poussée l'avance godera, chose qu'il faut éviter ; si au contraire elle ne l'est pas assez, elle tombera sur les yeux comme un abat-jour. Chaque pièce de paille n'ayant que douze aunes de long, on est forcé de faire de fréquentes rentrures. Plusieurs personnes coupent la paille en biais, et laissent un brin de la tresse à chaque bout, qui, formant le crochet, rentrent l'un dans l'autre. Cette manière est très propre, mais peu solide. Je conseillerais plutôt de croiser sa paille l'une sur l'autre, la longueur d'une ligne seulement, en ayant soin de maintenir les deux bouts par un point l'un en haut l'autre en bas ; la petite bosse formée par cette jonction s'aplatit au cylindre, et ne risque jamais à se défaire lorsque le cylindreur force la forme du chapeau pour lui donner une plus grande dimension que celle pour laquelle il a été fait.

De l'énuenchage.

La paille, quelque égale que l'on puisse la choisir, conserve quelquefois des parties plus brunes qui ne se voient que lorsque le chapeau est terminé ; l'ouvrière doit alors couper toutes les nuances et les remplacer par d'autre paille dont la teinte se marie parfaitement avec le chapeau ; elle réussit à cacher cette espèce de raccommodage en croisant sa paille comme je viens de l'indiquer plus haut.

L'on se sert pour fabriquer les chapeaux de paille cousue de petites tresses faites en Suisse, mises en paquets de douze aunes, et dont le prix varie selon la finesse ou le blanc.

Les plus estimées sont celles qui nous viennent de Fribourg. Les paquets, pliés sur un quart de longueur, sont serrés et arrêtés des deux bouts : cette paille est d'un grain arrondi, fort, et se blanchit très bien.

L'Argovie au contraire se vend en paquets pliés sur une demi-aune de longueur, arrêtés d'un seul bout ; son grain est lâche, plat, et la paille, quoique blanche lorsqu'elle est neuve, jaunit au soleil et se blanchit mal ; elle peut se coudre indistinctement des deux côtés ; le Fribourg au contraire a un envers, on le connaît aux petits piquans que forment les brins de paille lorsque l'on fait la tresse ; à l'endroit ils sont placés tous de haut en bas, et à l'envers de bas en haut. Si le chapeau est fait à l'envers, il est hérissé d'une foule de petits bouts que le cylindre même ne peut abaisser et qui forment une espèce de peluche qui nuit à l'effet et gâte entièrement un chapeau.

J'ai indiqué plus haut la manière de cylindrer ces chapeaux. L'on se sert aussi de paille lisse appelée paille française ; la fabrication du chapeau est la même ; la mode varie les formes ainsi que les pailles dont on se sert pour les chapeaux cousus.

Cette note nous a été communiquée par une dame que sa modestie ne nous permet pas de nommer.

CHAPEAUX DE BOIS.

Les chapeaux en bois se font de deux manières : par la première on opère avec des tresses faites avec des brins de bois plus ou moins fins, et à l'instar de ceux de paille : une qualité de ces chapeaux est connue sous le nom de *paille de riz ;* la seconde se pratique au moyen d'un tissage très fin, comme pour les paniers et les chapeaux grossiers de sparterie. On emploie à cette fabrication les bois blancs, sans nœuds, très lians et très souples, au moment où ils viennent d'être coupés. On donne la préférence aux bois d'osier, de peuplier, de saule, de tilleul, etc. Le procédé consiste à les diviser en lames très minces à l'instar des balais de saule qui nous sont annuellement portés par les Alsaciennes. On connaît plusieurs procédés, celui qui nous a paru le plus simple et le meilleur consiste en une sorte de varlope à deux fers, dont l'un est à dents tranchantes dans le sens vertical ; celui-ci est suivi de l'autre fer qui est ordinaire : par cette disposition le copeau que celui-ci enlève est divisé en autant de lames ou filets, plus un, que le premier a de dents. Il est bon d'ajouter qu'afin que chaque dent repasse toujours au même endroit, la varlope doit constamment glisser entre deux guides.

On peut teindre ces brins de bois comme la paille ; le procédé ne diffère en rien. Si l'on veut les obtenir blancs, on trempe ces brins ou les chapeaux faits dans une eau de savon froide, contenant un peu de solution d'indigo, et on les étend pendant quelques jours dans une prairie, en ayant soin dès qu'ils qu'ils commencent à se sécher de les arroser avec de l'eau pure.

Chapeaux d'osier.

On cultive trois espèces principales d'osier en France :
1° L'osier rouge, *salix purpurea.* Lin.
2° L'osier jaune, *salix vitellina.*
3° L'osier blanc, *salix viminalis.*

L'osier rouge a les rameaux plus lians que ceux des deux autres, mais il acquiert moins de longueur et de grosseur ; le jaune est un peu moins liant, mais ses rameaux sont un peu plus longs et plus gros ; enfin le blanc est encore plus gros, plus long et moins liant. Il paraîtrait d'après cela que l'osier rouge mériterait la préférence pour la confection des chapeaux.

Chapeaux de bois de BERNARDIÈRE.

M. Achille de Bernardière, par suite de ses études particulières, est parvenu à fabriquer de très beaux chapeaux et schakos en osier teint. Pour la division des brins d'osier, il fait usage de la machine que les Anglais emploient pour celle des brins de paille, et qu'ils nomment *bric-à-brac*. Cette machine ou instrument (1) est un cylindre en ivoire, en fer ou en acier, de 5 à 6 millimètres de diamètre, de 55 à 60 de longueur, qui se trouve surmonté d'un cône de 5 millimètres de hauteur. Lorsqu'on se propose de tirer douze brins d'une paille, on divise la base du cône en douze parties égales, et au moyen d'une lime triangulaire on enfonce la division jusqu'à ce qu'on soit arrivé à la pointe du cône, mais sans la dépaser. Il est évident que le cône doit présenter douze arêtes égales et tranchantes. Quand on veut diviser la paille, on présente la pointe du cône dans son tuyau, et l'on pousse l'instrument qui tranche la paille en douze brins égaux. Les *bric-à-brac* ont depuis trois jusqu'à quarante divisions, suivant la finesse qu'on veut donner aux brins de paille et la grosseur de celle-ci.

M. de Bernardière, au moyen d'un instrument qui diffère peu du *bric-à-brac*, réduit l'osier en lames très minces, qu'il rend bien plus minces et plus étroites encore en les faisant passer dans des sortes de filières tranchantes et si serrées que ces lanières d'osier ont à peine un demi-millimètre de largeur; c'est ce qui constitue, pour ainsi dire, la trame de l'étoffe. La chaîne ou charpente, ajoute

---

(1) *Voyez* Dictionnaire technologique.

M. L., est partie en osier, partie en baleine ; c'est-à-dire alternativement deux brins d'osier et un brin de baleine, approprié à cet effet comme l'osier.

Ces chapeaux sont ensuite teints, comme ceux de paille ; ils ne doivent pas être confondus avec les suivans. Nous allons joindre ici le rapport qui a été fait à ce sujet par M. Bouriat à la Société d'encouragement pour l'industrie nationale.

Rapport fait par M. Bouriat, *au nom du comité des arts économiques, sur les chapeaux d'osier de* M. de Bernardière.

Le conseil a chargé son comité des arts économiques de visiter la manufacture de chapeaux d'osier de M. de Bernardière, située dans la maison de correction de Poissy, et de lui rendre compte des produits de cette manufacture. Le comité, ne pouvant point se transporter en masse à cette distance, m'a chargé d'aller prendre tous les renseignemens qu'il désirait, et de lui en faire part avant de vous soumettre son opinion sur ce nouveau genre d'industrie. J'ai visité cet atelier et plusieurs autres qui existent dans la même maison. J'aurai l'honneur de vous en donner un aperçu ; après avoir parlé de celui de M. de Bernardière, qui fait l'objet principal de ce rapport.

J'ai suivi dans les moindres détails les travaux qui s'y exécutent ; j'ai vu que les mains les plus inhabiles pouvaient préparer l'osier qui sert à la confection des chapeaux. D'abord cet osier, fendu en cinq ou six, suivant la grosseur du brin, est aminci par des espèces de filières tranchantes à travers lesquelles on le fait passer, et qui sont graduées de manière à ce que l'ouverture de la dernière ne peut plus laisser passer qu'une lanière très mince et étroite. Ce sont ces lanières qui, suivant leur degré d'épaisseur, forment la trame ou la chaîne, car on peut se passer de haleine effilée pour soutenir le corps du chapeau, dont le tissu est fait par des mains plus habiles que les premières. Ces chapeaux, confectionnés, sont portés à la teinture pour recevoir diverses couleurs, suivant le goût du marchand qui les achète. Ce n'est pas sans difficulté qu'on fixe la couleur sur l'osier ; aussi cette partie de la fabrique mérite-t-elle encore quelques recherches de la part de M. de Bernardière et des teinturiers.

La solidité de ces chapeaux est bien supérieure à ceux faits avec la paille ; aussi M. de Bernardière a-t-il eu l'intention de fabriquer pour les troupes légères, et en temps de paix, des schakos d'osier, beaucoup plus légers que ceux de feutre. Je remets sur le bureau un échantillon de ces schakos, teint en noir, et revêtu d'une plaque pour désigner le régiment.

Le prix de ces chapeaux, quoique inférieur à ceux de feutre, n'a pas paru à votre comité dans les proportions qu'on pouvait désirer ; aussi a-t-il conseillé à M. de Bernardière d'employer des moyens mécaniques pour amincir l'osier. Si, comme nous n'en doutons pas, il peut parvenir à se passer de bras pour cette préparation, la plus longue et la plus dispendieuse, il pourra diminuer sensiblement le prix de ses chapeaux.

Votre comité a vu, dans ce genre d'industrie, un objet assez intéressant, puisqu'il tend à diminuer considérablement l'emploi du poil de lièvre qu'on tire de l'étranger, pour faire les légers chapeaux de feutre que les personnes riches portent pendant l'été. Déjà M. de Bernadière a fabriqué cette année une grande quantité de chapeaux d'osier ; mais il n'a pu, malgré son zèle, fournir qu'à une partie des commandes qui lui ont été faites. Il va travailler sans relâche cet hiver pour être à même de satisfaire l'été prochain tous les demandeurs.

Après vous avoir fait connaître la fabrique de M. de Bernardière, vous n'apprendrez peut-être pas sans intérêt l'activité qui règne dans la maison de correction de Poissy, et les avantages qu'en retirent la maison et les ouvriers. Chaque détenu y trouve un genre d'occupation suivant ses facultés morales et physiques : l'enfant comme le vieillard se livrent à un travail doux et facile. Pour cela, on a établi des ateliers de diverses espèces ; on y compte ceux de tisserand, de bijoutier, de passementier, d'ébéniste, de fabricant de cardes, de cordonnier, de tailleur, enfin une filature de coton et la fabrique de chapeaux dont je viens de vous entretenir. C'est avec de pareilles occupations qu'on est souvent parvenu à changer ou modifier le penchant de plusieurs criminels qui auraient peut-être passé le temps de leur détention à méditer les projets les plus sinistres s'ils fussent demeurés dans l'oisiveté.

Ces résultats sont dus au zèle et à la capacité de M. Poizel, directeur de l'établissement, qui a trouvé un excellent auxiliaire dans M. Picard, entrepreneur des travaux de la maison.

Le tarif des prix à accorder aux détenus est arrêté chaque année par M. le Préfet du département de Seine-et-Oise. Ce salaire se divise en trois parties : l'une pour l'entretien de la maison, l'autre distribuée aux ouvriers tous les samedis, et la troisième est mise en réserve pour leur être donnée à leur sortie. Il en est déjà beaucoup qui ont reçu 300 fr. au moment de leur libération, malgré le peu de temps que ce régime est établi, car il ne l'a été qu'au mois de mars 1821. Le produit des ouvrages confectionnés pendant les douze premiers mois a été de 48,000 fr., et cette année, comme le nombre des détenus a augmenté, M. le directeur pense qu'il ne sera pas au-dessous de 80,000 fr.

Je reviens maintenant à la fabrique de M. de Bernardière, sur laquelle votre comité a pris tous les renseignemens convenables. Il vous propose, par mon organe, de remercier ce fabricant de la communication qu'il vous a

faite de son nouveau genre d'industrie, et de tous les procédés qu'il emploie dans sa manufacture, digne d'être
connue du public par la voie du Bulletin.

Adopté en séance, le 21 août 1822.

Signé BOURIAT, *rapporteur.*

A ce rapport nous allons joindre celui qui fut fait sur
les chapeaux de madame veuve Reyne.

Rapport fait par M. SILVESTRE, *au nom des
comités d'agriculture et des arts mécaniques
réunis, sur la manufacture de chapeaux de
paille à l'instar de ceux d'Italie,* établi par
madame veuve REYNE, à Valence, département de la Drôme.

Messieurs, le 28 novembre dernier, vos comités des
arts mécaniques et d'agriculture réunis ont obtenu votre
approbation pour un rapport provisoire qu'ils ont eu
l'honneur de vous présenter, concernant les demandes
que madame veuve Reyne vous avait adressées, à l'occasion de sa fabrique de chapeaux de paille d'Italie, établie
en ce moment à Valence, département de la Drôme.

Vos commissaires ont dès lors rendu justice au zèle de
madame Reyne, qui, après avoir étudié avec soin, en
Italie, les procédés de production des matières premières
et ceux de leur fabrication, avait importé en France un
genre d'industrie qui n'avait pu y être encore naturalisé
avant elle; ils avaient aussi exprimé le regret que le
défaut de plusieurs documens essentiels les empêchât
d'émettre une opinion définitive sur le succès d'une semblable entreprise; ils espéraient obtenir de nouveaux renseignemens importans, et de la correspondance dès long-
temps suivie au ministère de l'intérieur, à ce sujet, et de
celle qui pourrait ultérieurement être entretenue avec
madame Reyne elle-même.

Le ministre a bien voulu vous confier le dossier qui concerne cette affaire. Madame Reyne a répondu à plusieurs de vos demandes, elle exprime surtout le désir que le rapport vous soit promptement soumis; en conséquence nous allons mettre sous vos yeux les résultats des principaux documens que nous avons recueillis.

Mais avant de nous occuper de cet exposé, et pour ne plus ensuite détourner votre attention de ce qui concerne spécialement madame Reyne, nous croyons devoir placer ici quelques considérations générales sur l'importance et sur la difficulté d'une semblable entreprise; sur sa nouveauté et sur la probabilité du succès.

L'importance d'une fabrique de chapeaux de paille d'Italie est assez notable pour notre commerce; elle aurait pour objet de nous affranchir de l'exportation annuelle de la valeur d'un million et demi environ, que nous donnons à la seule Italie pour l'acquisition des objets de ce genre: il est vrai que cette soulte ne s'opère pas en numéraire. En échange des chapeaux de paille et des autres objets que nous procure l'Italie, nous fournissons des draps, des vins, de la mercerie, des bijoux, de la porcelaine, des livres, des modes, etc., etc.; etc.; et il est à remarquer que les tableaux dressés officiellement pour la balance du commerce établissent, en notre faveur, un bénéfice annuel de plus de huit millions sur les échanges réciproques. Quoi qu'il en soit, ces bases ne sont pas immuables, l'industrie étrangère cherche toujours à se les rendre plus favorables, et nous devons sans doute accueillir avec intérêt tout ce qui peut tendre, soit à consolider nos avantages, soit à trouver chez nous-mêmes ce que notre sol et notre industrie peuvent fournir (à prix égal à ceux de l'étranger) aux consommateurs.

Cette dernière considération nous ramène à la fabrique de madame Reyne et aux circonstances qui ont précédé son entreprise; la correspondance du ministre de l'intérieur nous fournit à cet égard d'utiles documens. Il paraît que des tentatives pareilles à la sienne ont été faites; que des brevets d'invention semblables au sien ont été délivrés. Vous connaissez trop bien, messieurs, le principe de ces brevets pour être étonnés de notre assertion : le brevet ne prouve nullement que le possesseur ait inventé ou qu'il ait importé, mais il prouve seulement qu'à une époque déterminée il a déclaré qu'il avait inventé ou importé, sauf à lui à prouver s'il y a lieu, et devant qui de droit, la réalité de ses assertions ou l'antériorité de sa demande.

Quelques essais ont donc été faits avant madame Reyne pour fabriquer en *France* des chapeaux de paille d'Italie ; il est à la connaissance des marchands d'objets de ce genre, à Paris, que plusieurs de ces essais ont été infructueux. En 1814, un brevet d'importation a été gratuitement délivré à M. Bastier, qui se proposait d'élever une fabrique du même genre que celle de madame Reyne.

Vers 1815, M. Pierre Couyère a établi à Sainte-Melaine, département du Calvados, une fabrique de chapeaux de paille à l'instar de ceux d'Italie, avec des tiges de graminées indigènes. Il paraît que c'est le *phleum pratense* qu'il employait à cet usage. Il a obtenu en 1819 un brevet d'invention pour dix ans; il correspond avec une fabrique de couture et d'apprêt établie à Paris par son frère et qui fournit au commerce pour plus de 40,000 fr. par année. Dès 1808, M. de Bernadière avait aussi obtenu un brevet de cinq ans pour la fabrication de chapeaux semblables à ceux d'Italie, avec les tiges des céréales indigènes; il paraît que c'était aussi le *phleum pratense* qu'il employait le plus ordinairement.

Mais une entreprise plus semblable encore à celle de madame Reyne a lieu depuis trois ans dans le département de la Haute-Garonne, et par les soins des directeurs des hospices de Toulouse; on y emploie la paille du même blé qui sert à cet usage en Toscane, et qui est cultivé avec succès aux environs de Toulouse. La fabrique y a un avantage d'autant plus assuré, que son excellence le ministre de l'intérieur a bien voulu envoyer aux hospices une des machines à apprêter inventées par M. Meigné et mentionnées dans le n° CXCIX, page 6, de vos Bulletins 1821. Cette machine sert à donner, sans inconvénient pour la santé des ouvriers, l'apprêt convenable à cent vingt-six chapeaux par jour, tandis que les hommes qui faisaient ce travail pénible à la main ne pouvaient en apprêter que dix-huit.

On peut ajouter que tous les détails sur la culture du blé qui fournit la paille propre à ce travail et les procédés qui concernent l'art de préparer cette paille et de fabriquer les chapeaux, ont été décrits avec détail en vers italiens, par M. Lastri, Toscan. Enfin, dès 1805, M. le comte de Lasteyrie avait rapporté d'Italie la graine de blé qui sert à y fabriquer les chapeaux de paille : cette graine a depuis été cultivée tous les ans au Jardin du roi par les soins de M. Thouin. M. Yvart avait aussi, en 1812, rapporté d'Italie des graines de cette céréale, et les avait cultivées avec succès. On connaissait donc depuis longtemps la substance première et tous les moyens de la mettre en œuvre ; mais un obstacle, qui tient à la nature de ce travail, s'est toujours opposé à de bien grands succès. Cet obstacle se présente de même pour tous les travaux qui ne sont pas susceptibles de l'emploi des machines, et qu'on doit faire à bras dans les pays où la main-d'œuvre est plus élevée que dans les lieux où la fabrique est originaire. C'est sur les moyens d'égaliser ce prix du premier travail manuel que nous aurions désiré avoir plus de renseignemens positifs pour pouvoir apprécier la probabilité des succès dont madame Reyne conçoit l'espérance.

Ce fut vers la fin de 1817 que madame Reyne revint de Florence ; pendant les trois années de séjour qu'elle avait fait dans cette ville, elle y avait formé le projet d'établir en France une fabrique de chapeaux de paille d'Italie ; elle avait étudié avec soin tous les procédés de culture du blé qui fournit la paille propre à ce travail, et ceux de sa préparation et de son emploi dans cette fabrication.

Elle s'établit d'abord dans la ville de Bourg Saint-Andéol, département de l'Ardèche ; alors elle avait encore son mari qui la secondait dans son travail : ils s'adressèrent pour la première fois au ministre de l'intérieur, en février 1818 ; ils annonçaient alors avoir dans leurs ateliers trente jeunes personnes qui s'occupaient à confectionner des chapeaux de paille, égaux en qualité à ceux d'Italie. Ils exposaient qu'ils avaient semé en France des grains de blé dit marzole, qu'ils avaient rapportés d'Italie ; que ces grains y avaient bien réussi, et que d'ailleurs ils avaient trouvé en France même des céréales dont la tige avait la même propriété. Ils espéraient pouvoir fournir, sous peu de temps, la quantité de chapeaux nécessaire pour la consommation du royaume, et ils demandaient la délivrance gratuite d'un brevet d'importation : le préfet de l'Ardèche appuyait leur pétition. Le ministre demanda des renseignemens et des échantillons qui lui furent adressés ; alors il consulta le comité consultatif des arts et manufactures, ce comité fut d'avis que M. et madame Reyne mériteraient d'être encouragés, lorsqu'il aurait été constaté que leur manufacture fournissait au commerce des chapeaux de paille de même qualité et finesse que ceux d'Italie. Il ajournait à cette époque le jugement à porter sur le degré d'intérêt que le gouvernement devait prendre à leurs travaux. En conséquence le ministre refusa d'accorder gratuitement le brevet demandé ; mais il laissa l'espérance qu'il pourrait encourager les efforts de ces manufacturiers, lorsqu'il serait constant qu'ils auraient fourni au commerce des chapeaux de paille de même qualité que ceux d'Italie.

Il se passa environ quinze mois entre cette décision et les nouvelles demandes qui furent faites. En février 1820,

madame Reyne écrivit au ministre qu'elle avait perdu
son mari, et transporté sa manufacture à Valence, département de la Drôme; elle annonçait alors que sa fabrique fournissait au commerce, et en assez grande quantité, des chapeaux de paille de même qualité et finesse
que ceux qui viennent d'Italie. Cette pétition était appuyée par le maire de Valence, qui regrettait de n'avoir
pu donner qu'un faible encouragement, et par le préfet de
la Drôme, qui sollicitait des secours pour madame Reyne.
Le ministre accorda 600 francs, et demanda au préfet des
renseignemens sur l'activité de l'établissement, le nombre
des ouvrières employées, la quantité de chapeaux livrés
annuellement au commerce, et leur prix comparé avec
celui des chapeaux analogues venant d'Italie; enfin quelle
serait la somme nécessaire pour donner aux travaux toute
l'extension convenable. Le préfet répondit à ces questions
que la fabrique occupait soixante-dix ouvrières, qu'elle
pouvait fournir annuellement huit cents à mille chapeaux,
que le prix de ces chapeaux était à peu près le même que
ceux d'Italie, qu'ils égalaient en qualité; il annonçait
aussi que ces prix baisseraient d'un sixième si madame
Reyne avait des fonds suffisans pour monter son établissement; il demandait pour elle une somme de 12,000 fr.
Le 12 avril 1820, le ministre consentit à accorder 2,400 fr.
pour être employés à donner plus d'étendue aux travaux
de madame Reyne. Il paraît qu'en effet une partie de
cette somme a servi à l'acquisition d'une presse pour l'apprêtage des chapeaux de paille.

Mais bientôt après madame Reyne éprouva de nouveaux
besoins; elle s'adressa à vous, messieurs, par une lettre
qui était appuyée par le préfet de la Drôme et par le
maire de Valence, et qui, renvoyée à l'examen de vos
comités des arts mécaniques et d'agriculture, a été l'objet
du rapport provisoire qui vous a été présenté le 28 novembre dernier, et d'après lequel, suivant vos intentions,

vos comités ont dû s'occuper de recherches et de vérifications nouvelles.

Deux ordres de renseignemens principaux nous sont parvenus depuis cette époque. Les uns ont été puisés dans un dossier volumineux , relatif à cette affaire, qui vous a été communiqué par son excellence le ministre de l'intérieur et dont nous venons de vous présenter l'analyse; les autres proviennent de la correspondance directe que nous avons entretenue avec madame Reyne ou avec son commettant à Paris. Nous ne pouvons présenter ces derniers que comme de simples assertions , le mémoire principal qui en fait partie n'ayant été vu que par le maire de Valence, comme certifiant que la fabrication des chapeaux envoyés avait eu lieu dans ladite ville , et vu par le préfet pour la légalisation de la signature du maire.

Quoi qu'il en soit , il résulte de cette correspondance, 1º que le chapeau dont vous avez distingué la confection est bien de la fabrique de madame Reyne; 2º que cette dame et son commettant déclarent qu'elle continue à se servir de la paille de l'espèce de blé qu'elle a rapporté d'Italie, et dont la culture réussit parfaitement bien dans les environs de Valence ; que le bénéfice des ouvrières qu'elle emploie dépend de leur habileté; que ce sont ordinairement des enfans qui tressent; que le nº 30, pris pour exemple, coûte 15 centimes l'aune à coudre et à tresser; qu'une tresseuse fait par jour sept à huit aunes, et une couturière en coud toujours le double. La main-d'œuvre d'un chapeau de ce numéro revient à 8 francs; savoir, 6 francs 75 centimes pour tressage et couture, 75 centimes pour la paille et 50 centimes pour l'apprêt. Les numéros supérieurs deviennent plus chers, savoir : le nº 40 à 16 fr. 70 cent. ; le 50 à 27 fr. 50 cent. , enfin le nº 60 qui est à peu près pareil à celui qui est exposé sous vos yeux, revient à 52 francs.

Quant au nombre de chapeaux fabriqués annuelle-

ment, madame Reyné fait observer que cette fabrication
n'a de limites qu'à raison du peu de capitaux qu'elle peut
y consacrer : elle cite plusieurs villes du midi et surtout
la foire de Baucaire, comme ses principaux débouchés.

Elle n'a pu répondre à la demande d'envoi de chapeaux
de paille supérieure à celui qu'elle avait précédemment
adressé à la société; elle a seulement envoyé quelques
chapeaux d'hommes, dont la qualité est insignifiante pour
prouver la supériorité de sa fabrication; elle fait remarquer que sa situation actuelle, dans une ville peu popu-
leuse et qui fournit trop peu d'ouvrières à bas prix, n'est
pas très favorable; elle se propose de changer encore de
domicile; elle voudrait qu'à défaut de la Société d'encouragement même, le gouvernement ou des capitalistes la
missent à même de donner tout l'essor désirable à sa manufacture.

Après vous avoir exposé l'état actuel des choses, votre
commission ne doit pas vous laisser ignorer qu'elle s'est
trouvée embarrassée de vous présenter des conclusions
dans l'affaire de madame Reyne. Sa fabrication est bonne
et intéressante; ses produits sont très remarquables dans
les parties les plus importantes et les plus difficiles de ce
genre de travail; elle trouvera les perfectionnemens à faire
à sa manutention ici même, où l'on sait, aussi bien et
même mieux qu'en Italie, réunir les tresses bout à bout,
blanchir la paille et apprêter les chapeaux; ainsi on ne
fait aucun doute qu'elle ne puisse atteindre par la suite
la perfection en ce genre. Nous ne doutons pas non plus
que des capitaux plus considérables que ceux qu'elle a pu
se procurer jusqu'à ce jour, ne soient très nécessaires
pour donner une impulsion convenable à sa fabrique;
mais vos règlemens ne vous permettent pas de consacrer
des fonds à vivifier des manufactures particulières. D'une
autre part, le ministre de l'intérieur, en donnant 3,000 fr.
à madame Reyne, a sagement exprimé qu'il n'entendait

pas monter sa manufacture, mais seulement lui fournir quelques encouragemens.

Ruinée, ainsi qu'elle l'expose, par différentes circonstances qui lui sont étrangères, elle ne peut attendre des moyens suffisans d'actions que des capitalistes qui pourraient prendre intérêt à son travail.

Vous ne pouvez donner à madame Reyne que des conseils et des témoignages d'estime.

Sous le premier rapport, vous pouvez lui recommander de soigner particulièrement la réunion de ses tresses bout à bout, le blanchîment et l'apprêt de ses chapeaux; vous pouvez l'inviter à placer s'il est possible son établissement dans un hospice d'orphelins ou dans une maison de détention, dans un lieu enfin où la main-d'œuvre soit au plus bas prix possible.

Sous le second rapport, et considérant que madame Reyne paraît être la première qui ait introduit, en grand, la culture de la plante qui sert à fabriquer les chapeaux de paille en Italie; considérant que ce qui manque à son travail s'exécute d'ailleurs ici avec une grande perfection et peut facilement être introduit dans sa propre fabrique, nous avons l'honneur de vous proposer de lui décerner une médaille d'argent dans votre prochaine séance publique.

Signé SILVESTRE, rapporteur.

Adopté en séance, le 20 février 1822.

Cette proposition fut adoptée, et dans sa séance publique, M. Charbonnel, fondé de pouvoir de cette dame, reçut la médaille d'argent qui lui était destinée.

Chapeaux en bois de M. BERNARD.

Ces chapeaux-ci diffèrent des précédens en ce que ce n'est que la carcasse qui est formée en bois léger, coupé en lames minces et étroites par des procédés mécaniques.

qu'il a inventés. Ces lames sont collées à côté l'une de l'autre sur un tissu qui réunit la solidité à la légèreté ; le dessus et le bord du chapeau sont préparés de la même manière ; et quand il a donné à ces trois pièces la forme convenable et qu'il les a réunies, il couvre le tout d'un vernis imperméable. Quand il est sec, le chapeau est recouvert d'une étoffe de soie peluchée, qui imite très bien les poils qu'on nomme dorure dans les chapeaux de feutre ordinaire ; enfin l'auteur passe sur la peluche une espèce de vernis qui entoure chaque brin de soie, ne retient pas la poussière et empêche l'eau de pénétrer. Ces chapeaux ont l'avantage de conserver toujours leur brillant et de ne se déformer jamais. Pour plus de détails, nous renvoyons aux Annales de l'industrie nationale et étrangère, août 1825.

Chapeaux de sparterie.

Tous les genêts peuvent servir à la fabrication des chapeaux communs, dits de sparterie ; mais c'est principalement le genêt d'Espagne, *spartium junceum*, qui sert à cette fabrication. On emploie pour cela les joncs les plus fins pour en faire des tissus, non en tresses distinctes. On connaît trois sortes de ces chapeaux : *blancs, couleur de paille, mélangés de diverses couleurs*. Le tissu de sparterie se vend en pièces carrées, dont chacune suffit pour faire un chapeau. Leur prix est depuis 2 fr. jusqu'à 10 fr. la pièce, suivant leur beauté.

Chapeaux de copeaux.

Cette invention patentée de chapeaux d'été, faits de copeaux tissus, peints en noir et vernis, est due à Joseph Lantenhammer de Vienne. (*Archiv. fur gesch, stat, liter, und kunst,* juillet 1824, nᵒ 89 et 90.)

Ces chapeaux, dit le rédacteur du journal cité, se recommandent par leur forme, leur grande légèreté, et même par la durée qu'on peut espérer de leur service. Ils méritent surtout, ajoute-t-il, la préférence sur les chapeaux de paille, auxquels le public a eu le bon esprit de n'accorder jusqu'ici sa faveur qu'avec réserve.

Chapeaux de tresses autres que celles de paille.

Nous allons consacrer cet article à la fabrication des chapeaux formés avec des tresses de soie, de coton, de lin et de crin. Les premiers sont parvenus à un tel degré de supériorité, qu'ils semblent le disputer aux plus beaux chapeaux de paille d'Italie.

Chapeaux tressés en soie.

Les premiers chapeaux en tresses de soie ont été fabriqués à Florence; depuis, mesdames Manceau, de Paris, sont parvenues à porter ce genre de fabrication à un tel degré de perfectionnement que leurs chapeaux tresses de soie imitent les plus beaux chapeaux de paille d'Italie, en produisant une illusion complète par la nuance, ainsi que par la finesse et la confection du tissu. Déjà en 1823, mesdames Manceau avaient obtenu à l'exposition des produits de l'industrie française une médaille d'argent qui a été confirmée à celle de 1827. Elles emploient à cette fabrication la soie de première qualité, en trame et tressée suivant le degré de finesse qu'on désire obtenir. La régularité des tresses exige le plus grand soin ; elles se font au moyen de mécaniques qui mettent les matières en mouvement; elles sont ensuite apprêtées, assemblées en forme de chapeaux et soumises au cylindre. Ces chapeaux réunissent à la légèreté la solidité et sont très facile à nettoyer; ajoutez à cela qu'ils sont deux fois moins chers que ceux de paille d'Italie, comme on va le voir ci-après.

1° Ceux du numéro 70, portant soixante-dix pailles de

bord, peuvent être vendus à 200 francs, tandis que ceux de Florence coûteraient plus de 2,000 francs.

2° Les qualités ordinaires depuis le numéro 34 jusqu'à celui de 50 varient entre 28 et 56 francs.

Afin de mieux faire connaître le mode de fabrication employé par les dames Manceau, nous allons rapporter le brevet d'invention que l'une d'elles a pris à ce sujet.

Procédé propre à faire avec la soie écrue des chapeaux imitant les chapeaux de paille d'Italie, par mademoiselle JULIE MANCEAU, à Paris. (Brevet d'invention de cinq ans.)

On fait d'abord des tissus formés de soie écrue de la plus belle qualité et du meilleur choix possible, que l'on dépose dans la teinture; le teinturier apprête ces tissus de manière à ce qu'ils conservent une certaine raideur qui les rapproche de l'état de consistance de la paille ou de l'écorce; puis, au moyen d'une mécanique à tresser, on convertit les soies en tresses plus ou moins fines et plus ou moins serrées, suivant la finesse des chapeaux que l'on veut faire; les bandes tressées sont soigneusement vérifiées dans toute leur longueur, afin d'élaguer les parties qui seraient défectueuses et qui nuiraient à l'identité du tissu.

Ces tresses préparées sont aunées, mises en pelotes en quantité convenable, et données aux ouvrières chargées de l'assemblage; cette opération s'exécute à l'aiguille avec du cordonnet en soie à trois brins retors de la nuance du tissu.

La couture perdue s'obtient en engageant la partie gauche de la tresse avec la partie droite de celle à laquelle elle doit s'assembler, de manière que la couture, prenant en zigzag autant d'un côté que de l'autre, se trouve ca-

chée à tous les points de contact. Ces chapeaux se con-
struisent en deux pièces, la calotte et le devant.

On commence la première pièce par son centre, les
points d'assemblage sont combinés de manière qu'à mesure
que les circonférences s'agrandissent, la spirale que forme
la couture a la facilité de se développer et de s'assembler
sans gripper; cette calotte doit être faite d'une bande
d'une seule pièce.

Le devant du chapeau s'exécute d'après les mêmes procédés, le coup d'œil et l'habitude de la couture détermi-
nent dans ce travail les formes et la grâce des contours.
Cette pièce également faite d'un seul morceau est assem-
blée à la calotte pour être ensuite apprêtée et former l'ensemble du chapeau.

Cet apprêt consiste en dix parties de gomme adragant,
une partie d'alun et dix-neuf parties d'eau. Ces matières
étant arrivées à l'état de mélange par l'action du calorique, on y plonge le tissu jusqu'à saturation, et on le
laisse ensuite, non pas entièrement sécher, mais perdre
l'excédant de son humidité, pour pouvoir être mis à la
presse et repassé à chaud.

On emploie pour cet objet, suivant la forme que l'on
veut donner à la calotte, un cylindre ou tout autre solide
en bois, composé de plusieurs morceaux percés ensemble
dans le centre d'un trou destiné à recevoir un morceau de
bois conique. Ce cylindre étant placé dans l'intérieur de
la coiffe, la pression sur le morceau conique, passant par
le centre de la forme, détermine la tension du tissu, qui
dès lors est repassé avec un fer chaud, dont la grosseur et
la forme sont celles de l'objet sur lequel il doit passer.

Si, au lieu d'employer des soies écrues, on voulait se
servir de cheveux, les chapeaux se confectionneraient de
la même manière.

Ces nouveaux chapeaux sont plus légers que ceux de

paille d'Italie, on peut les laver et les reteindre, à volonté, en diverses couleurs.

Certificat d'additions.

Les matières premières qui étaient de soie écrue ordinaire, sont remplacées par le poil d'alès, qui a l'avantage de rendre le tissu plus fin, de ne pas produire d'inégalités, et de donner aux nuances des teintes plus agréables.

Les chapeaux qui étaient formés de deux pièces, sont maintenant d'un seul morceau par la continuité d'une seule tresse.

Le premier apprêt avait l'inconvénient de laisser des taches en séchant, ce qu'on évite en employant la gomme adragant préparée, et, pour second apprêt, un vernis composé de mastic en larmes, afin de les rendre imperméables.

On cylindre au moyen d'une presse mécanique, qui, en même temps qu'elle presse les chapeaux, leur donne une fraîcheur qu'ils ne pouvaient obtenir avec le fer.

On fait des chapeaux d'homme par le même procédé.

Madame Milcent-Scheckenbick avait obtenu, en 1823, une mention honorable pour des chapeaux dits imperméables, tressés en soie et en lin, de diverses couleurs. La même distinction lui a été accordée à l'exposition de 1827. Ces chapeaux sont d'un tissu très fin, légers, élastiques, et peuvent aisément être mis à neuf quand ils ont été déformés ou tachés. Nous allons faire connaître le brevet d'invention que madame Milcent a pris pour cette fabrication, on y verra la recette du vernis imperméable quelle emploie à cet effet.

Fabrication de chapeaux formés de ganses de coton, de fil et de soie, par madame MILCENT-SCHERCKENBICK, à Rouen. (Brevet d'invention de cinq ans.)

Les ganses de coton, de fil et de soie, se font à l'aide de mécaniques composées de neuf à treize fuseaux ou bobines de quatre à huit fils chaque et même plus, selon la finesse. Ces ganses s'ajoutent ensemble à l'aiguille comme un tricot ; on leur fait prendre la figure de chapeaux sur une forme en bois, à mesure qu'on les tricote.

Les chapeaux formés sont apprêtés avec la composition suivante, suffisante pour une douzaine de chapeaux :

Quatre onces, colle de poisson ;

Deux onces, gomme arabique ;

Quatre onces d'amidon de pomme de terre ;

Une demi-pinte d'esprit de vin et environ un pot d'eau.

Pour rendre ces chapeaux imperméables, on applique dessus, avec un pinceau, du vernis de Venise pour les chapeaux blancs, et du vernis à la gomme copal pour ceux de couleur.

Le vernis appliqué sur les chapeaux, ils sont passés au cylindre chaud.

Madame Milcent a également pris un autre brevet d'invention pour la confection de diverses sortes de chapeaux en tresses de différens tissus : le voici.

Diverses sortes de chapeaux à l'usage des hommes et des femmes, et confectionnés en tresses de différens tissus. (Brevet d'invention de cinq ans accordé, le 26 août 1820, à madame MILCENT-SCHERCKENBICK, à Paris.)

Les chapeaux de femmes se font en tresses et même en tricot de cachemire, en tresses ou bien en tricot de mérinos, en tresses ou en tricot de laine, et enfin en tresses ou en tricot de poil de chameau ou de chèvre.

Tous les chapeaux faits avec de la tresse s'emmaillent à l'aiguille comme les chapeaux de paille d'Italie ; ceux en tricot, étant faits comme de coutume, sont tirés à poil par le moyen du chardon et de la carde. On les apprête ensuite avec de la colle de poisson dissoute dans l'esprit de vin, que l'on mêle avec une dissolution de gomme arabique, gomme de Sénégal et d'amidon : après cette opération on les cylindre au fer chaud.

Tous ces chapeaux qui sont très solides se nettoient et se teignent en toutes sortes de couleurs.

D'autres chapeaux se font en satin blanc gauffré ou pressé, ou en toutes espèces d'étoffes de soie, de laine, de coton, etc., de toutes couleurs et de divers dessins.

On grave le dessin sur une planche de cuivre ou de bois ; on colle l'étoffe avec la composition ci-dessus, et on soumet cette planche à l'action d'une forte presse pour obtenir le dessin.

Il y a encore des chapeaux qui se composent en sparterie formée de soie écrue couleur paille, de soie et coton, de coton blanc, de fil blanc, et de fil et coton.

Pour fabriquer cette sparterie, on trempe les matières filées dans la dissolution indiquée plus haut ; on laisse sécher ces fils, et on tisse au métier, comme on le fait pour toute autre étoffe, ensuite on cylindre à chaud.

Les dames Manceau confectionnent également des chapeaux en tresses de coton, qui par leur blancheur imitent parfaitement la paille de riz.

L'on fabrique également des chapeaux en tresses de crin. Nous allons en faire connaître les procédés, d'après les brevets d'invention mêmes pris par leurs auteurs.

Fabrication de chapeaux de crin, par J. REINS. (Brevet d'invention et de perfectionnement de cinq ans.)

Ce procédé consiste à tresser les crins par trois ou cinq mèches, et à les coudre en observant d'augmenter ou diminuer, suivant les diverses formes ou grandeurs qu'on veut donner aux chapeaux; on applique ensuite un apprêt qui résiste à l'humidité et à la pluie, et qui fait prendre aux chapeaux la forme convenable tout en leur donnant plus de consistance.

On a appliqué aussi ce mode de fabrication aux bonnets à l'usage des troupes; voici le procédé de M. Cavillon, d'après son brevet d'invention.

Fabrication de bonnets en crin tissé, à l'usage des troupes, et destinés à remplacer ceux en peaux d'ours, par M. CAVILLON, fourreur à Paris. (Brevet d'invention de cinq ans.)

Jusqu'à présent on a fabriqué ces bonnets avec des peaux d'ours de la Louisiane, des bancs de Terre-Neuve, de la Virginie et du Canada, et non de Russie, comme bien des personnes le pensent. Les ours de Russie ne sont pas propres à cet emploi, en ce qu'ils ont le cuir et le poil trop fin, qui serait d'un mauvais usage, et qui deviendrait quatre fois plus cher encore que ceux du Canada; c'est donc de ces derniers que l'on emploie pour la coiffure des troupes.

On peut compter que les Anglais font passer en France vingt mille peaux d'ours par an, qui, à quarante cinq fr., forment une somme de neuf cent mille francs; si à ce compte on ajoute celles qui passent sur le continent, cela s'élèvera environ à quatre millions dont nous leur sommes tributaires. Mes nouveaux procédés fourniront à la France les moyens de s'affranchir de ce tribut.

Ces procédés consistent à former une carcasse en vache renforcée sur sa forme, arcançonnée et refondue sur le derrière, pour adapter une boucle à deux ardillons, maintenue par une enchapure en mouton noir, et son contre-sanglon, aussi en mouton, pour resserrer le bonnet à volonté.

Cette carcasse est revêtue d'une forte toile noire en fil de Laval, posée très juste, et ne formant, pour ainsi dire, qu'un seul corps ensemble.

Manière de faire le tissu.

Prenez du crin de collière ou de queue à brin le plus fin, commencez par le bien peigner et étriller pour faire sortir le suin; s'il est trop gras, il faut le faire bouillir dans de l'eau, le retirer et le laisser sécher; après quoi, vous le coupez de quatre pouces et demi de haut, ensuite vous le faites tresser sur trois forts fils de soie, à la hauteur de trois pouces : les dix-huit lignes qui restent sont pour garnir la tresse. Vous posez ensuite votre première tresse en bas, en tournant et en observant trois lignes de distance de l'un à l'autre. De cette manière, vous couvrez toute la toile, en laissant à découvert les parties du bonnet destinées à recevoir des plaques ou autres ornemens.

Lorsque le bonnet est monté, on le passe à l'eau de graine de lin pour le bien nettoyer; ensuite on pose la coiffe en basane surmontée de sa toile, et l'on met la coulisse.

Madame Celnart, dans son intéressant ouvrage (1), a consacré un article à la fabrication des chapeaux à ganse de coton ou de soie, imitant la paille d'Italie. Nous allons le transcrire.

En suivant le procédé indiqué pour faire de la ganse plate, on prépare de petites pièces en coton et en soie qu'on monte en forme de chapeau de la manière suivante :

L'on prend un patron de chapeau un peu grand, parceque la ganse se resserre par le blanchissage et le travail : ce patron ou modèle se compose de la passe et de la forme du chapeau; il faut qu'il soit en paille ou en coton. On commence par le milieu du fond; l'on attache le bout de la ganse au centre, et on la tourne sur elle-même en décrivant successivement un cercle plus grand. On bâtit ces cercles les uns aux autres, à mesure que l'on en a une certaine quantité, et après qu'on les a attachés avec des épingles; mais dès que ces cercles se sont un peu agrandis, il vaut mieux les bâtir de suite, non seulement les uns aux autres, mais encore les baguer après le modèle. On environne ainsi circulairement toute la forme du modèle; puis enfilant une aiguille de coton fin et blanc si la ganse est de coton, et de soie couleur de paille si la ganse est en soie (2), vous coudrez les ganses ensemble à points de surjet couchés, en prenant ces points dans les petites mailles du bord de la ganse. Cette opération terminée, on ôte l'ouvrage de dessus la forme, on le retourne, et l'on monte le devant ou la passe à peu près de la même manière, sauf la différence com-

---

(1) *Manuel des demoiselles*, faisant partie de la collection encyclopédique de M. Roret, 3e édit.

(2) Il faut faire en sorte que la couleur de la soie employée à coudre les ganses soit bien assortie à celle des ganses, afin que l'œil ne puisse point découvrir cette couture.

mandée par le modèle : on mesure la passe à la moitié, et c'est d'après cette moitié qu'on fait partir la ganse à droite et à gauche sur le bord de la passe, afin de voir à quel endroit il faut la couper sur le côté pour obtenir la rondeur de la passe. On mesure, avant de baguer chaque rangée de ganse sur la passe, afin de ne point en trop perdre en rognant sur les bords, ou n'avoir pas à recommencer si, par hasard, un morceau se trouvait trop court.

On pose ainsi une vingtaine de rangées à peu près, en les baguant bien après la passe, et les bâtissant ensuite les unes après les autres. Arrivé à ce point, il faut faire des *étrécissures*, c'est-à-dire couper la ganse avant la fin du rang, et faire perdre le bout de cette ganse entre la ganse de la rangée précédente et celle de la rangée suivante, de manière qu'elle ne forme pas de pli. On y parvient en *mordant* sur les deux lisières un peu fortement. Comme on travaille à l'envers, les parties excédantes ne paraissent pas quand les chapeaux sont retournés. Il est impossible d'indiquer le nombre de ces étrécissures ; elles dépendent de la forme du chapeau. On doit coudre la passe comme la forme, et les joindre ensuite ensemble. Quand le chapeau de coton ainsi fabriqué est blanchi et apprêté, il a l'apparence d'un chapeau de bois blanc, dit *paille de riz* ; si la ganse est de soie, le chapeau a l'aspect de ceux de paille d'Italie. Il est bon de faire observer que le surjet des ganses doit être fait près après, de peur qu'elles ne s'écartent et se décousent au blanchissage. On peut donner à ces ganses de coton ou de soie diverses couleurs pour obtenir, outre les chapeaux blancs et couleur de paille, des chapeaux noirs, gris, etc.

Il est bien évident que par le même procédé, c'est-à-dire avec des ganses faites avec du lin, chanvre et autres matières filamenteuses, on peut confectionner de semblables chapeaux ; comme le mode d'opération est le même, nous ne croyons pas devoir y revenir.

Chapeaux d'hommes et de femmes, dont la chaîne est en baleine et la trame en soie, coton, ou toute autre matière filamenteuse retorse. (Brevet d'invention de cinq ans accordé, le 27 septembre 1822, au sieur de BERNARDIÈRE (Achille), à Paris.

Ces chapeaux se font à l'aide d'une forme en bois ; la chaîne est en baleine et la trame en soie, coton ou toute autre matière filamenteuse retorse ; la trame se tourne autour de la chaîne, qui se trouve fixée sur la forme par le simple secours des doigts de la main.

Le chapeau, au sortir des mains de l'ouvrier, est blanchi, teint et apprêté.

Quoique les chapeaux de plumes de volaille ne soient point des chapeaux à tresses ou à ganses, cependant, comme ils ne sont ni feutrés ni recouverts d'aucune étoffe, nous avons cru devoir les ranger à la suite de ceux-ci.

Récompenses accordées depuis 1798 jusqu'en 1827, lors des expositions des produits de l'industrie française, à la fabrication des chapeaux.

L'exposition des produits de l'industrie française est une des plus belles conceptions humaines ; elle peut être considérée comme un génie vivificateur des sciences et des arts chimiques et industriels, au perfectionnement desquels elle préside, et comme un moyen certain de connaître toutes nos ressources et tous les progrès de l'industrie nationale. En parcourant les magnifiques produits qui sont exposés dans les galeries du Louvre, on croit être transporté dans ces palais enchantés dus à l'imagination des poètes, et dont on trouve de si brillantes descriptions dans les contes orientaux : à l'aspect de tant de chefs-d'œuvres, l'observateur, l'esprit rempli d'admiration, reste plongé dans une sorte d'extase de laquelle il ne sort que pour payer un culte d'estime et de reconnaissance à ces hommes laborieux, qui, par leurs talens, honorent et leur patrie et le siècle qui les vit naître ; c'est dans ce sanctuaire des sciences et de l'industrie qu'on est vraiment fier d'être Français, et qu'aux yeux de l'Europe savante, le gentillâtre ignorant est forcé de courber avec respect son front humilié devant le génie des arts.

On ne doit point oublier que c'est à l'un des hommes les plus illustres de nos jours, M. le comte François de Neufchâteau, alors ministre de l'intérieur, que cette institution est due.

Ce qu'il y a de remarquable, c'est qu'il la mit à exécution en l'an VI (1798), au moment même où les Anglais nous fermaient les mers. M. François de Neufchâteau, par cette exposition, fit connaître à l'Europe entière toutes les ressources de notre belle France, et ralluma le flambeau de notre industrie que l'Angleterre cherchait à éteindre. Au reste, ce n'est pas l'unique service que cet homme célèbre ait rendu aux sciences et aux arts ; son ministère, comme ceux du comte Chaptal et de Lucien Bonaparte, fera toujours époque dans leurs annales.

La première exposition eut lieu au Champ-de-Mars ; elle ne dura que trois jours.

La seconde sous le consulat, en l'an IX (1801), dans la cour du Louvre, où, sous cent quatre portiques qui y furent élevés, on plaça deux cent vingt-neuf exposans : sa durée fut de huit jours.

La troisième eut lieu en l'an X (1802), sous le ministère de M. le comte Chaptal ; il y eut cinq cent quarante exposans.

La quatrième, en 1806, sous le ministère de M. de Champagny : trois mille quatre cent vingt-deux exposans furent placés sous cent vingt-quatre portiques qui furent construits sur la place des Invalides, et dans onze salles des ponts-et-chaussées. Il fut distribué vingt-sept médailles d'or, soixante-trois d'argent, et cinquante-trois de bronze.

La cinquième eut lieu en 1819; elle fut la plus brillante: on y vit avec étonnement les perfectionnemens immenses que la chimie avait produits sur presque toutes les branches de l'industrie; et l'on n'a point oublié le témoignage flatteur que M. le comte Berthollet, d'illustre mémoire, et M. le comte Chaptal, reçurent de Louis XVIII, pour la part qu'ils avaient prise à ces progrès. A cette exposition le nombre des exposans s'accrut encore, et cinquante-six médailles en or furent distribuées, ainsi que cent quarante-huit en argent, et cent quatorze en bronze.

La sixième s'opéra en 1823; et, elle fut remarquable tant par la variété des produits que par le grand nombre d'exposans; il faut cependant avouer que la facilité avec laquelle on avait admis tant de futilités, de ces jolis riens, fruits du charlatanisme et de la cupidité, avait converti cette belle institution en une espèce de bazar ou le rendez-vous des marchands qui venaient y distribuer leurs adresses. C'est un abus que le jury de 1827 a eu le courage d'attaquer; espérons qu'on finira par le déraciner complètement. L'exposition de 1823 fut célèbre par les produits de nos filatures en coton. C'est encore à cette exposition qu'on vit briller les arts chimiques, qui ont placé la France à la tête de toutes les nations.

Enfin la septième exposition a eu lieu, depuis le 1er août, sous des salles en bois, placées dans la cour du Louvre et dans une partie de celles de ce superbe édifice. Un concours immense d'étrangers s'est empressé d'y venir admirer la progression, toujours croissante, qui s'est opérée, non seulement dans la quantité des produits, mais encore dans l'amélioration des procédés et les nombreuses appli-

cations qu'on a faites aux arts d'un grand nombre de dé
couvertes; aussi voit-on avec transport des ouvrages ui
semblent avoir dépassé les bornes de l'esprit humain. Il
faut être témoin de la beauté de ceux qui sont soumis à
cette savante épreuve, pour pouvoir juger de leur mérite.
Toutefois, nous sommes forcé de convenir que cette exposition n'a été ni aussi nombreuse ni aussi variée que
celle de 1823, puisqu'elle n'a compté qu'environ mille six
cent cinquante exposans, dont plus de huit cents de Paris.
Devons-nous attribuer ce découragement aux malheurs
du temps, ou bien les fabricans de la province croiraient-
ils que le jury ne les juge point avec impartialité? Qu'ils
se rassurent: le talent et la loyauté de MM. Arago, Darcet, Gay-Lussac, Biot, Thénard, Malard, Brongniart,
Héron de Villefosse, Oberkampf, Gérard, Camille, Beau-
vais, etc., dont la réputation est européenne, doivent
pleinement les rassurer.

Nous avons dit que l'exposition de 1798 n'avait duré
que trois jours; aucun fabricant de papier n'y parut: au
lieu des médailles qui furent décernées dans les autres
expositions, on n'accorda à celle-ci que des distinctions
du *premier, second* et *troisième* ordre.

En 1801, on a décerné des médailles d'or, d'argent et
de bronze, ainsi que des mentions honorables. Le jury
déclara en même temps que les distinctions de *premier* et
de *second* ordre de 1798 équivalaient à des médailles d'or
et d'argent; il accorda ces récompenses aux exposans de
la première exposition, qui réexposèrent en 1801 leurs
produits perfectionnés.

En 1802, les récompenses furent les mêmes. On décida
aussi que les fabricans qui, dans cette exposition, pré-
senteraient les produits des expositions précédentes, dans
le même état de perfectionnement, n'auraient pas une
nouvelle médaille, mais qu'un rappel de la dernière leur
serait accordé.

En 1806, à ces quatre récompenses, on en ajouta une cinquième sous le nom de *citation*; celle-ci vient après la *mention*. Un fait digne de remarque, c'est que, par une lésinerie bien mal entendue, on n'accorda qu'une médaille à plusieurs fabricans qui furent obligés de la tirer au sort; mais on a regardé tous les autres comme l'ayant eue, puisqu'il a été reconnu qu'ils l'avaient méritée.

En 1819, outre la distinction de 1806, on accorda des décorations et des titres de baron et des récompenses pécuniaires.

Ainsi les récompenses sont ainsi graduées :

Citation : c'est la plus inférieure;

Mention honorable;

Médaille en bronze;

Médaille en argent;

Médaille en or;

Décorations;

Titres honorifiques.

On accorde aussi quelquefois des récompenses pécuniaires. Quant aux fabricans dont les progrès se sont soutenus, sans s'être accrus, on leur décerne la même médaille, sous le titre de *Retour de la médaille obtenue.*

Nous allons maintenant faire connaître les fabricans qui ont obtenu des récompenses depuis 1798 jusqu'à nos jours. En jetant un coup d'œil sur le tableau que nous allons présenter, il sera aisé de juger de l'influence que les expositions ont exercée sur cette branche de l'industrie française.

Exposans depuis 1798 jusqu'à l'exposition de 1827.

Exposition de 1798.

Aucun fabricant de chapeaux ne se présenta à cette exposition.

Exposition de 1801.

Il en fut de même à celle-ci.

Exposition de 1802.

C'est à dater de cette exposition que la chapellerie a commencé de figurer parmi les produits de l'industrie française. Les fabricans qui ont été les premiers à répondre à ce noble appel sont :

MM. Bardinel, de Limoges, pour des chapeaux ;
    Bellegarde (Joseph), de Gaillac, *id.* ;
    Brouilland fils, *id.;*
    Viot, de Marseille, *id.* ;
    Desaint-Riquier jeune, de Quevavilliers, pour des ganses de chapeaux.

Aucune récompense ne fut décernée à la chapellerie.

Exposition de 1806.

Un grand nombre de fabricans suivirent cette année l'impulsion déjà donnée, et cette exposition, si elle n'a pas été pour la chapellerie la plus brillante, a été du moins la plus nombreuse. On y vit figurer :

MM. Bellegarde (Joseph), pour les chapeaux ;
    Bernard aîné, de Moulins, *id.* ;
    Berthier (François), d'Issoudun, *id.;*
    Beylard aîné, de Marmande, *id.* ;
    Boulanger, de Rennes, *id.;*
    Bourdachon, d'Issoudun, *id.* ;
    Dulerys (Pierre), de Bourganeuf, *id.*
    Florentin, Coyère et Cie, pour les chapeaux de paille ;
    Guiffray et Cie, de Lyon, *id.;*
    Juhel, de Sens, *id.;*
    Lamaïque, d'Oleron, *id.;*

MM. Lamorte, pour les chapeaux ;

    Meissonnier, *id.* ;

    Monnereau, de Niort, *id.* ;

    Pascal (Pierre), de Marseille, *id.* ;

    Patoors, *id.* ;

    Ribolet, de Lyon, *id.* ;

    Rouliés, d'Agen, *id.* ;

    Sade, d'Anduze, *id.* ;

    Sandrot (veuve), de Grenoble, *id.*

De tous ces exposans, MM. Guiffray seuls obtinrent une mention honorable. Cet insuccès refroidit tellement le zèle de ces fabricans que deux seuls ont reparu aux expositions suivantes.

Exposition de 1819.

Cette exposition fut moins nombreuse que la précédente ; on n'y vit figurer que

  MM. Allemand, de Paris, pour les chapeaux :

    Brouilland fils, *id.* ;

    Chenard aîné, père et fils, *id.*

    Couyère, chapeaux en saule ;

    Delouchant, *id.* ;

    Dormois et Cie, *id.* ;

    Guichardière, de Paris, *id.* ;

    Lamorte, *id.* ;

    Lauche (Antoine), *id.* ;

    Lantier aîné, *id.* ;

    Masclet, *id.* ;

    Maurisier, *id.* ;

    Poujal, *id.*

    Thibault, pour chapeaux de paille ;

    Vian-de-Mourche, de Marseille, *id.*

Ce dernier obtint une mention honorable ; il en fut de même de M. Guichardière, qui depuis a publié de fort bons mémoires sur la fabrication des chapeaux. Il est à regretter que des encouragemens plus grands (1) n'aient pas été accordés à la fabrique de madame veuve Reyne, à Valence, département de la Drôme, qui, en 1822, reçut une médaille d'argent de la Société d'encouragemens pour l'industrie nationale. Cette dame se trouvant ruinée fut forcée d'abandonner cette exploitation. Nous avons fait connaître le rapport que fit à ce sujet M. Sylvestre.

Exposition de 1823.

Nous n'avons pu nous procurer des renseignemens exacts sur le nombre des exposans de cette année ; nous n'avons pu connaître que ceux qui reçurent quelques récompenses. Ce furent :

Mesdames *Manceaux*, qui obtinrent une médaille d'argent pour des chapeaux en soie, imitant la paille d'Italie ; et pour d'autres chapeaux en tresses de coton, imitant la *paille de riz*.

M. *Dupré*, de Lagnieux, fut mentionné honorablement pour ses chapeaux de paille façon d'Italie.

Madame *Milcent-Scherchenbich*, mention honorable pour des chapeaux, dits imperméables, tressés en soie et en lin de diverses couleurs.

Exposition de 1827.

La médaille d'argent accordée aux dames Manceaux paraît avoir été un puissant stimulant pour les autres fabricans ; aussi l'exposition de 1827 ayant été la plus brillante pour la chapellerie, le jury a-t-il eu un bien plus grand nombre de récompenses à décerner. Nous allons les présenter en commençant par les plus fortes, et descendant graduellement aux plus faibles.

***

(1) Madame Reyne avait demandé au gouvernement une somme de 12,000 fr. ; celle de 2,400 fr. lui fut accordée par le ministre de l'intérieur, le 12 avril 1820.

Médailles d'argent.

Mesdames Manceaux qui l'avaient également obtenue en 1825.

M. Dupré, pour chapeaux de paille façon d'Italie.

Médailles de bronze.

MM. Percherand, Dubois et Cie, pour des chapeaux de paille, imitant ceux de Florence.

Mentions honorables.

La maison centrale de Bicêtre de Paris, pour des chapeaux de paille.

M. Gancel (Pierre), pour des chapeaux en laine, et en poil de veau.

M. Giroux, de Paris, pour des chapeaux en feutre.

M. Lenoir (Épiphane), pour des chapeaux en laine, bien fabriqués et à bas prix.

Madame Milcent-Scherckenbick, pour des chapeaux imperméables en soie et en lin.

Citations.

MM. Davilla et Dabbé, pour des chapeaux imperméables.

M. Dulong-Miergue, *id.*

M. Wansbroug, *id.*

M. Savornin, pour des chapeaux élastiques.

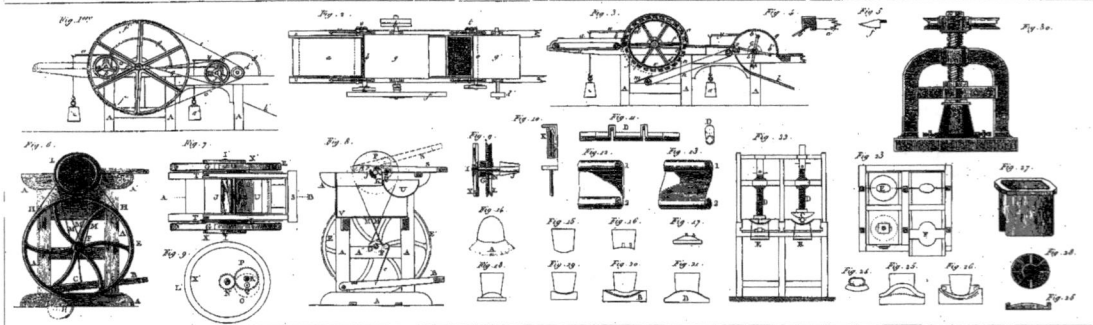

Fig. 1er. Fig. 2. Fig. 3. Fig. 4. Fig. 5 Fig. 30.

Fig. 6. Fig. 7. Fig. 8. Fig. 10. Fig. 11.

Fig. 9. Fig. 12. Fig. 13. Fig. 23.

Fig. 14. Fig. 15. Fig. 16. Fig. 17. Fig. 27.

Fig. 18. Fig. 19. Fig. 20. Fig. 21. Fig. 28.

Fig. 24. Fig. 25. Fig. 26. Fig. 29.

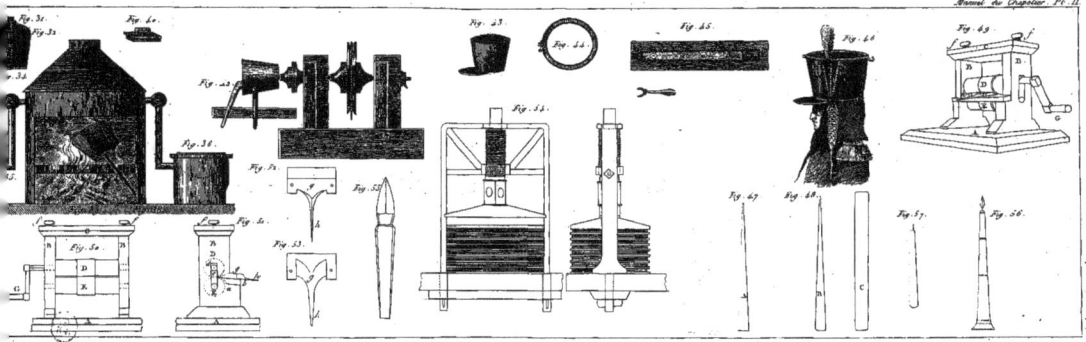

VOCABULAIRE

Acides.

Substances composées qui ont généralement une saveur acide, rougissent la teinture de tournesol et la plupart des couleurs bleues végétales, et forment une classe de corps connus sous le nom de sels, en s'unissant avec les bases salifiables. Ils sont le résultat de l'union de certains corps avec l'oxigène, et alors ils sont appelés *oxacides*, ou bien avec l'hydrogène, et alors ils sont connus sous le nom d'*hydracides*; enfin, ils peuvent être le résultat de la combinaison de certains corps entre eux sans oxigène ni hydrogène, tels que le *chlore* avec le *bore*; acide *chloro-borique*, etc. Nous allons indiquer les acides qui sont employés dans la chapellerie.

Acide acétique. C'est le vinaigre à l'état de pureté.

Acide citrique. C'est l'acide des citrons.

Acide muriatique ou *hydro-chlorique*, formé par le chlore et l'hydrogène. Cet acide donne lieu aux sels muriatés ou hydro-chlorates.

Acide nitrique ou *eau forte*. Acide extrait du nitrate de potasse (sel de nitre). Il est composé d'azote et d'oxigène.

Acide sulfurique (huile de vitriol). Obtenu par la combustion du soufre dans de grandes chambres de plomb. Il est composé d'oxigène et de soufre.

Acide tartrique. C'est l'acide qui, avec la potasse, constitue le sel qui est connu sous le nom de tartrate acidule de potasse (crème de tartre).

Alcalis.

Alcali. Substances qui verdissent la plupart des couleurs bleues végétales, ont une saveur âcre et urineuse, saturent les acides et forment avec eux des sels.

Air atmosphérique. Fluide élastique qui, abstraction faite de toutes les exhalaisons et vapeurs, etc., qu'il contient, enveloppe de toute part le globe terrestre, s'élève à une hauteur inconnue, pénètre dans les abîmes les plus profonds, fait partie de tous les corps, et adhère à leur surface. Il est composé de 0,79 azote et 0,21 oxigène; plus 0,01 d'acide carbonique.

Acétate de cuivre (sous-). Vert-de-gris. Sel composé d'acide acétique avec excès d'oxide de cuivre.

Acétate de cuivre. Sel composé d'acide acétique et d'oxide de cuivre dans un état de neutralisation.

Acétate de fer. Sel composé d'acide acétique et d'oxide de fer.

Apprêt de chapeaux.

Introduction d'une colle qui, tout en laissant à l'étoffe sa flexibilité, en agglutine les parties feutrées, la rend plus consistante, plus ferme et plus susceptible de conserver la forme qu'on lui donne.

Appropriage des chapeaux.

Les chapeaux parvenus au point de fabrication convenable, n'ont ni ce brillant, ni cette douceur qui en constituent la beauté. Ce sont ces qualités qu'on leur donne par l'*appropriage*. Quant aux feutres destinés à la coiffure, on se borne à les passer au fer ou à les mettre en presse afin de les *catir*, comme les tissus de laine.

Arçon (de l').

L'arçon est une espèce d'archet d'une grande dimension, qu'on suspend au plancher vers son milieu, afin de pouvoir le placer dans toutes les directions possibles. Cet archet est situé au-dessus d'une table recouverte d'une claie d'osier fin, et assez serrée pour ne laisser passer que les ordures. On place le poil sur cette claie; on fait entrer la corde de l'arçon dans le tas, et, sans qu'elle en sorte, on la met en jeu à l'aide d'une *coche*, sorte de fuseau en bois dur, terminé à chaque extrémité par un bouton en forme de champignon. C'est en accrochant la corde avec ce bouton, et la tirant fortement, qu'elle finit par glisser sur le bouton, et qu'elle entre en vibrations d'autant plus accélérées, que le mouvement de l'arçonneur a été plus brusque. L'ouvrier a soin d'élever ou d'abaisser l'arçon.

Agnelins.

Laine provenant des agneaux.

Arrachage ou tirage du poil du lièvre.

Dans cette opération, les découpeuses pincent le duvet entre le pouce et la lame d'un couteau dit tranchet, et le tirant vers elles, le duvet est emporté, et presque tout le jarre reste sur la peau. Cet arrachage complète l'éjarrage.

Assortiment.

Assortir un chapeau, c'est le placer dans une forme semblable à celle qu'il doit avoir, en ayant soin de prendre une forme un peu plus haute que celle du dressage à la foule, afin que la ficelle n'occupe pas le même point que celui où elle se trouvait à la foule, et d'éviter ainsi les compressions du feutre qui produisent des espèces d'étranglemens. C'est ce qu'en termes de l'art on appelle *baisser le lien*.

Avancer à la main.

Synonyme de marcher à la foule; cette dénomination vient de ce que la majeure partie de ce travail se fait avec les mains nues.

Atteint de foule.

C'est lorsque le feutre a atteint la *taille prescrite*, et qu'il n'est susceptible d'aucun nouveau retrait pour un autre foulage.

20

Bassin et du bátissage (du).

Cette opération est une des principales de la chapelle-rie; elle doit se faire dans un local particulier, afin que l'ouvrier ne continue point à être exposé aux exhalaisons produites pendant l'arçonnage. On donne le nom de *bassin* à un établi en bois dur et bien uni; et celui de *feutrière*, à une forte toile d'Alençon. On mouille alors la feutrière soit avec une brosse, soit avec une poignée de brin d'osier, de bruyère ou bien avec un petit balai de riz; quand elle est suffisamment humide, on y place quelques carrés de papier épais et souple, on les recouvre de la partie pendante, et on roule le tout afin que la moiteur se distribue également. En cet état, l'ouvrier déroule la feutrière, et, après en avoir tiré les papiers, il l'arrange, comme nous l'avons déjà dit, c'est-à-dire une moitié sur le bassin, et l'autre pendante sur le devant. Tout étant ainsi préparé, l'ouvrier étend sur la feutrière les pièces les unes sur les autres, en ayant grand soin de les bien étendre, et surtout qu'il n'y existe ni plis ni ridures, sur chaque pièce, et, après l'avoir légèrement arrosée, il place une feuille du papier précité; enfin la dernière pièce est couverte par la moitié de la feutrière restée pendante.

On travaille les pièces jusqu'à ce qu'on reconnaisse 1° qu'elles sont devenues assez consistantes et assez fermes pour ne point s'ouvrir ou s'étendre; 2° qu'elles sont en même temps assez molles pour que, lorsqu'on les assemble, elles s'unissent et se lient de manière à ne plus former qu'un seul et même feutre. C'est ce qu'on nomme *bâtir un feutre*.

Bassin de l'apprét.

Cette opération a pour but de débarrasser la surface des feutres de l'excès d'apprêt qui s'y trouve et qui tient les poils collés entre eux, ce qu'on remarque chez ceux qui n'ont pas été soumis au bassin. Pour cela, on trempe les bords de ces chapeaux dans une faible dissolution de savon dans l'eau bouillante; on l'égoutte ensuite, on l'essuie, on en dégage le poil et on le fait sécher à l'étuve pour le soumettre à l'appropriage.

Banc de foule.

Banc incliné, placé autour de la chaudière, sur lequel les ouvriers opèrent le foulage des feutres.

Border la peau.

C'est en retrancher la queue, les pattes, etc.

Bourser l'étoffe.

C'est lui faire faire des poches quand le bâtissage n'est pas bien conduit.

Brunissure.

Synonyme de teinture.

Cartonnage (du).

Cette opération consiste à coller au fond du chapeau du papier fort, et un autre plus léger autour de la forme.

Carrelet.

Espèce de petite carde en fer qui sert à développer le duvet des chapeaux.

Chapeaux mi-poils.

Le mot *demi-poil* annonce que cette dorure est supérieure à celle des feutres dorés ordinaires et inférieure à celle des oursons. Cette qualité tient donc un juste milieu entre les deux autres. Les deux dorures qu'on applique sur ce feutre se nomment, en termes de l'art, *première* et *seconde pose*.

Chapeaux oursons.

Ces chapeaux ont une dorure plus belle et plus longue. Le mot ourson vient de ce que ces chapeaux, pour le velu, sont comparés à la peau de l'ours, quoiqu'il s'en faille de beaucoup que leur poil soit aussi long.

Chapeaux plumets.

Les chapeaux dits *plumets*, ainsi que les *bordés*, etc., ne diffèrent des oursons qu'en ce qu'on ne les dore comme ceux-ci que d'un côté ou seulement sur les bords, etc.

Chaude.

La *chaude* est également connue sous le nom de *plongée* ou de *feu*; sa durée est de une heure et demie à deux heures.

Chiquettes.

Parties retranchées de la peau.

Citrate de fer.

Sel composé d'acide citrique et d'oxide de fer.

Colcotar, rouge d'Angleterre, rouge de Prusse (tritoxide de fer).

Cet oxide est d'un beau rouge, tirant un peu sur le brun, plus fusible que le fer, indécomposable par le calorique non magnétique, se réduisant par le fluide électrique, insoluble dans l'eau. Il est le principe colorant de la sanguine, du brun rouge, etc.

Colle de poisson (ichtyocolle).

Ce sont les vésicules aériennes d'un esturgeon (*acipenser huso*. LIN.), qui a ordinairement 24 pieds de longueur sur 12 de largeur. On nettoie ces vésicules, on les roule sur elles-mêmes, et on les fait sécher, en leur donnant la forme d'un cœur ou d'une lyre; ou bien, au lieu de les rouler, on les plie comme une serviette.

Colle-forte, colle de Flandre.

C'est ainsi qu'on nomme la gélatine qu'on retire des oreilles et pieds de bœufs, chevaux, moutons, veaux, ainsi que des parties blanches de ces divers animaux. Cette colle est coulée en tablettes sèches, cassantes, brunes, jaunâtres, rougeâtres, transparentes ou demi-transparentes, suivant leur degré de pureté et le soin qu'on a pris de la préparation.

Cristaux de Vénus. *Voyez* acétate de cuivre.

Couperose bleue, cuivre vitriolé, vitriol bleu, vitriol de cuivre, vitriol de Chypre, etc. (sulfate de deutoxide de cuivre).

Ce sel est inodore, d'une saveur âcre et très styptique, en cristaux bleus transparens, irréguliers, et quelquefois en octaèdres et décaèdres, jouissant de la double réfraction, légèrement efflorescens, et offrant alors une matière pulvérulente d'un blanc verdâtre; soluble dans quatre parties d'eau froide, et subissant la fusion aqueuse. L'alcali volatil en précipite l'oxide qui reste suspendu dans la liqueur et lui donne une belle couleur bleue. On désigne cette préparation par le nom d'*eau céleste*. Il est composé d'acide sulfurique et d'oxide de cuivre.

Couperose, couperose verte, vitriol vert, vitriol martial, mars vitriolé, etc. (Sulfate de fer).

Récemment cristallisé, ce sel est en prismes rhomboïdaux, d'un beau vert d'émeraude, transparent, et s'effleurissant à l'air en absorbant son oxigène; il se convertit alors en sulfate de tritoxide de fer, qui est en taches jaunes sur les cristaux précités. Le sulfate de fer est inodore, styptique, et si soluble dans l'eau, que neuf parties de ce liquide bouillant en dissolvent douze de ce sel. Il est composé d'acide sulfurique et de fer.

Croisée à la foule

Est l'ensemble de tous les mouvemens qu'on est obligé de faire pour rouler le feutre successivement sur tous les côtés que présente sa figure et le fouler sur chacun de ces *roulemens*.

Décatir.

C'est débrouiller le poil au moyen d'une carde.

Dégalage.

Le poil des peaux est souvent rempli de poussière et de corps étrangers dont il importe de le débarrasser: c'est ce qu'on nomme en termes de l'art, *dégaler*. On pratique cette opération au moyen d'une espèce de petite carde, connue sous le nom de *carrelet*. L'ouvrier promène doucement cet outil sur le poil, et bat ensuite la peau avec une baguette du côté opposé; il continue ces deux opérations jusqu'à ce qu'en agitant fortement les peaux, il n'en sorte plus de poussière.

Dorure.

C'est le poil le plus beau qu'on applique sur la surface des feutres.

Dressage.

C'est mettre les chapeaux sur la forme, afin de leur donner la forme convenable.

Ébarbage ou éjarrage.

Les poils de castor, de lapin, de lièvre, etc., sont composés de duvet et de jarre. Les fabricans ont employé divers moyens pour séparer ce jarre du duvet.

Les mots ébarbage et éjarrage semblent à peu près synonymes; cependant il existe entre eux une petite différence. Nous avons déjà dit que dans les peaux de castor et de lapin, le jarre adhère moins à la peau que le duvet; c'est en raison de cette propriété et vu la plus grande longueur du jarre qu'on s'attache à l'arracher : c'est ce qu'on nomme *éjarrage*, tandis que l'*ébarbage* s'y applique aussi, mais plus communément aux peaux de lièvre dont le jarre est plus adhérent au cuir que le duvet.

Enficelage (l').

Après avoir fait entrer en partie les chapeaux sur les

formes convenables et les avoir arrêtés avec une ficelle, on les plonge dans un bain d'eau bouillante pure pour les dégorger et extraire la crème de tartre que le poil peut contenir ; après les avoir tenus quelques instans dans la chaudière couverte, on les retire et on les pose sur des plateaux semblables à ceux de la foule, et ayant à leur extrémité inférieure un rebord qui porte l'eau qui s'écoule des feutres hors de la chaumière. C'est alors qu'on tire le feutre sur la forme, jusqu'à ce qu'il y soit bien appliqué et qu'il n'offre aucun pli. On fait alors deux tours de ficelle vers le milieu de la forme au moyen d'un nœud coulant qu'on serre médiocrement.

Éjarrage.

Cette opération est également connue sous le nom d'arrachage.

Feutres.

Matières employées pour la fabrication des chapeaux qui ont été converties par le bâtissage en une sorte d'étoffe qu'on nomme feutre.

Feutres dits poils flamands.

Cette dénomination leur vient de ce que primitivement ce mode de préparation a été importé des fabriques de Flandre. Ce feutre est le plus souvent fait avec du poil de lièvre pur et est brossé avec le *frottoir*, pendant la *foule*, ce qui en dégage un poil très long et uni, qui en constitue la qualité et en fait la principale beauté.

Feutres dorés.

On donne le nom de *feutres dorés* à ceux d'une qualité ordinaire ou inférieure, dont l'on recouvre la surface externe d'une couche mince de matière ou poils plus fins.

Feutres grigneux.

Nous avons déjà fait connaître ce qu'on doit entendre par grigne ; nous ajouterons ici qu'on nomme feutres gri-

gneux, ceux qui, après avoir été écoulés et pressés entre
les doigts, en les faisant glisser horizontalement l'un sur
l'autre, offrent encore ces aspérités et ce grain qui constituent la grigne. Ce défaut reconnaît pour cause: 1° un bâtissage trop court donné au feutre par l'ouvrier, afin de le
faire arriver plus promptement à la dimension désirée ;
2° un vice du mélange qui a produit une étoffe trop tendre pour être bâtie plus grand.

Feutres écaillés.

Ces feutres, après leur confection, et pressés entre les
doigts comme ci-dessus, offrent des points où l'étoffe a si
peu de consistance qu'elle est sur le point de se *défeutrer*
ou, si l'on veut, de voir cesser l'adhérence et l'entrecroise
ment du duvet qui est le résultat du bâtissage et du foulage. Suivant M. Morel, ce défaut provient de ce que le
feutre ayant été bâti trop grand, et se trouvant atteint de
foule avant que d'être réduit aux dimensions demandées,
l'ouvrier a continué de les fouler dans l'espoir de l'y ré
duire; ou bien, lorsqu'ayant été bâti dans de justes pro
portions, l'étoffe trop veule s'est écartée au bassin et
écaillée vers la fin du travail de la foule. Quand ce vice,
ajoute l'auteur, est porté à l'excès, il occasione des gerçures et des trous. On dit alors que l'étoffe a lâché.

Feutre à plume.

Les feutres dits *à plume* sont une dorure plus riche
pour laquelle on fait usage du plus beau poil de lièvre
et de celui de castor. En général, on n'applique cette dorure
que lorsque le feutre a été foulé, avec cette différence
du procédé des feutres dorés, que pour ceux à plume
on applique plusieurs couches de poil ou dorure.

Foule (de la).

Le feutre, après l'opération du bâtissage, est bien loin
d'avoir la consistance, la force et la solidité convenables
pour lui assurer quelque durée; on lui donne ces qualités

au moyen de la *foule*, qui fait rentrer en tous sens les poils sur eux-mêmes et resserre ainsi le tissu en le rendant plus consistant, beaucoup plus fort, ou, en termes de l'art, plus étoffé. Les poils, en prenant ce nouvel arrangement, occupent un espace moindre qu'auparavant ; aussi l'étoffe se rétrécit-elle en tous sens ; aussi le feutre, en sortant du bâtissage, doit avoir un tiers ou double de l'étendue qu'il aura après la foule. Ce nouveau feutrage s'opère toujours à chaud au moyen de quelques agens qui augmentent la qualité feutrante des matières sans qu'on ait encore déterminé chimiquement ce nouveau mode d'action.

Flambage.

Les chapeaux à plume, de quelque genre qu'ils soient, sont *flambés* avant de recevoir la première pose. Pour cela, quand l'ouvrier a réduit le fond à la taille où il doit doit être *posé*, il l'égoutte le plus possible à l'aide du roulet, et fait passer au-dessus d'un feu de paille ou de copeaux, les surfaces sur lesquelles les poses doivent être appliquées, afin de les débarrasser des poils qui les couvrent et qui nuiraient à l'introduction de ceux qui composent la plume. On donne après ce flambage, un léger coup de frottoir, pour bien nettoyer ces surfaces.

Fumerette.

Toile mouillée qu'on met sur le feutre pour le ramollir.

Gomme arabique.

Cette gomme est de même nature que celle qui suinte des écorces des abricotiers, des amandiers, des cerisiers, des pruniers, etc. La gomme arabique est solide, souvent en globules, inodore, d'une saveur fade, transparente, incolore, quand elle pure, jaune d'or, ou plus ou moins rougeâtre lorsqu'elle est unie à des corps étrangers.

Grigne.

Aspérités qu'on aperçoit sur les feutres quand ils ne sont pas bien tirés.

Indigo.

Cette matière colorante est fournie par les feuilles de plusieurs plantes presque toutes rangées dans le genre auquel, en raison de cette propriété, on a donné le nom d'*indigotifera*. Les végétaux d'où on le retire plus particulièrement sont :

1° L'*indigotifera argentea*, indigotier sauvage. Cette espèce en fournit moins que les autres ; mais, en revanche, c'est le plus beau.

2° L'*indigotifera tinctoria*, indigotier français ; c'est celle qui en donne le plus, mais c'est aussi le moins beau de tous.

3° L'*indigotifera disperma*, ou Guatimala. Cette plante est la plus élevée et la plus ligneuse ; son indigo est meilleur que le précédent.

4° L'*indigotifera anil*, ou l'anil. Son indigo est au mininum d'oxidation.

Ces plantes sont indigènes des Indes et du Mexique, d'où on les a transportées dans les deux Amériques, à la Chine, au Japon, à Madagascar, en Égypte, etc.

Jarre.

Poil noirâtre et brillant qui est très gros, qui ne se feutre point.

La lustre.

Brosse-lustre employée pour le lustrage des chapeaux ; il y a aussi des brosses demi-lustre.

Manicles.

Sorte d'instrument composé de semelles de cuir, au moyen duquel l'ouvrier plonge, sans se brûler, les feutres déroulés dans la chaudière à chaque roulement, et même les feutres dont le roulement est terminé ; le feutre est alors très chaud.

Noix de Galles.

On donne ce nom à une excroissance ronde produite sur les bourgeons du *quercus infectoria* de Linnée, par la piqûre d'un insecte nommé par le même naturaliste *cynips quercûs folii*, et par Geoffroy, *diplolepsis gallæ tinctoria*. Ce chêne est très commun dans toute l'Asie mineure ; on le trouve depuis les côtes de l'Archipel jusqu'aux frontières de la Perse, et des rives du Bosphore jusqu'en Syrie, etc.

Oxigène.

Gaz qui entre pour vingt-un centièmes dans la composition de l'air atmosphérique, et qui, en s'unissant aux substances métalliques, les fait passer à l'état d'oxides ou rouilles.

Pelotes rouges et noires.

Ce poil laineux vient de l'Orient, et prend son nom de la forme en boule qu'on lui donne dans les balles qui servent à ce transport ; il est dû à des chèvres d'une espèce particulière de la Turquie asiatique. Il existe une différence notable entre les pelotes rouges et noires. Ces dernières se feutrent plus aisément, mais en revanche le poil des rouges est beaucoup plus fin. Les chèvres du Thibet ont aussi un duvet très fin, outre le jarre. On a constaté que nos chèvres ont aussi, outre leur long poil, une sorte de laine excellente pour la chapellerie.

Pelote.

Morceau de panne rembourrée qu'on passe sur les feutres.

Pièce.

La *pièce* est un outil en cuivre, dont on se sert pour faire sortir le liquide et les impuretés que peut contenir le feutre.

Plongée.

On appelle plongée ou chaude, en chapellerie, ce que les teinturiers ordinaires appellent feu. La durée de chaque plongée ou feu est d'une heure et demie à deux heures.

Poucier.

C'est ainsi qu'on nomme un doigt de peau qui sert à le garantir du tranchant de l'outil lorsqu'il presse le jarre contre ce même tranchant avec ce doigt.

Robage (le)

On doit d'abord peigner les chapeaux flamands et ceux à plume; quant aux chapeaux à poil ordinaire, on les *robe*, c'est-à-dire qu'on en brosse doucement la surface avec un morceau de peau de chien de mer, afin de produire un poil court, épais et fin.

Schakos.

Le schako est une coiffure particulière aux troupes et qui prend diverses formes cylindriques, tantôt décroissant légèrement à la partie supérieure, et tantôt au contraire s'élargissant beaucoup. Les schakos se fabriquent comme les chapeaux en feutre de laine ; ils peuvent l'être aussi avec la peluche de soie, le coton, le crin, le cuir, et généralement de la même manière que les divers chapeaux que nous avons énumérés. A proprement parler les schakos sont des chapeaux d'une forme particulière, sans rebord, ayant la calotte en cuir et munis souvent d'une visière en cuir verni.

Sécrétage.

Le sécrétage est une opération qu'on fait subir aux poils pour augmenter leur propriété feutrante. Dès le principe on employait en France à cet effet, mais avec un faible succès, une décoction de racine de guimauve et de symphitum ou grande consoude. Ce fut vers 1730 qu'un ouvrier chapelier, nommé Mathieu, porta d'Angleterre le procédé du sécrétage des peaux au moyen du nitrate de mercure.

Tournesol en pain.

On fabrique cette substance colorante en Auvergne, en Dauphiné, etc., avec plusieurs lichens, principalement avec le *varidaria orcina* d'Achard. Le procédé consiste à pulvériser les feuilles de ces lichens, à en faire une pâte avec de l'urine et la moitié de leur poids de cendres gravelées, en ayant soin d'ajouter de l'urine à mesure qu'elle s'évapore. Au bout de quarante jours de putréfaction, ce mélange acquiert une couleur pourpre; on le met alors dans une autre auge, et on y ajoute encore de l'urine; c'est alors que se développe la couleur bleue. Alors on divise cette pâte et on y ajoute de l'urine et de la chaux. Pour dernière préparation, on fait entrer dans la composition de cette pâte, ainsi obtenue, du carbonate de chaux pour lui donner de la consistance, et on la réduit en petits pains qu'on fait sécher.

Violon.

Par le nom de *violon*, on entend un assemblage de seize à dix-huit cordes de fouet, d'environ huit pieds de longueur, lesquelles sont retenues par leurs extrémités dans deux tasseaux percés d'un nombre suffisant de trous distans de deux à trois pouces les uns aux autres. Les cordes ainsi disposées fouettent aisément quand l'un des tasseaux étant fixé au plancher, le cardeur frappe à coups redoublés devant lui avec l'autre tasseau qui est muni d'un manche d'un pied et demi de longueur. L'ouvrier doit avoir soin de remuer de temps en temps le tas avec deux baguettes afin que le travail ou le mélange s'opère également; il continue à fouetter jusqu'à ce que les diverses matières soient bien mélangées, ce qu'en termes de l'art on nomme *effacées*.

FIN.

TABLE DES MATIÈRES.

FIN DE LA TABLE.

IMPRIMERIE DE LACHEVARDIERE,

RUE DU COLOMBIER, N° 30.